服装高等教育"十二五"部委级规划教材

服装创意设计

FUZHUANG CHUANGYI SHEJI

韩 兰　张 缈　编著

中国纺织出版社

内 容 提 要

本书是服装高等教育“十二五”部委级规划教材。

在当今的高校设计教育中，对于学生创造性思维的培养、创新能力的开发以及如何有效进行创意的设计方法论的普及，已经成为该教育的核心内容。本教材顺应趋势，注意形象思维并汇集了大量图例，为学生提供设计初始阶段的思维方法以及设计方向。书中大量实用可行的案例，既启发学生的设计创造思维，又有利于学生学习掌握。

本教材图文并茂，富有启发性，既可作为纺织服装高等院校服装设计专业教材，也可作为服装企业人员、自由设计师等专业人士的参考书。

图书在版编目（CIP）数据

服装创意设计 / 韩兰，张缈编著 .—北京：中国纺织出版社，2015.1（2021.8 重印）

服装高等教育“十二五”部委级规划教材

ISBN 978-7-5180-0827-8

Ⅰ.①服… Ⅱ.①韩… ②张… Ⅲ.①服装设计—高等学校—教材 Ⅳ.① TS941.2

中国版本图书馆 CIP 数据核字（2014）第 172877 号

策划编辑：李春奕　　责任编辑：裘　康　　责任校对：寇晨晨
责任设计：何　建　　责任印制：储志伟

中国纺织出版社出版发行
地址：北京市朝阳区百子湾东里A407号楼　邮政编码：100124
销售电话：010—67004422　传真：010—87155801
http://www.c-textilep.com
E-mail:faxing @c-textilep.com
中国纺织出版社天猫旗舰店
官方微博http://weibo.com/2119887771
北京华联印刷有限公司印刷　各地新华书店经销
2015年1月第1版　2021年8月第6次印刷
开本：889×1194　1/16　印张：10
字数：90千字　定价：49.80元

出版者的话

《国家中长期教育改革和发展规划纲要》中提出“全面提高高等教育质量”，“提高人才培养质量”。教高［2007］1号文件“关于实施高等学校本科教学质量与教学改革工程的意见”中，明确了“继续推进国家精品课程建设”，“积极推进网络教育资源开发和共享平台建设，建设面向全国高校的精品课程和立体化教材的数字化资源中心”，对高等教育教材的质量和立体化模式都提出了更高、更具体的要求。

“着力培养信念执著、品德优良、知识丰富、本领过硬的高素质专门人才和拔尖创新人才”，已成为当今本科教育的主题。教材建设作为教学的重要组成部分，如何适应新形势下我国教学改革要求，配合教育部“卓越工程师教育培养计划”的实施，满足应用型人才培养的需要，在人才培养中发挥作用，成为院校和出版人共同努力的目标。中国纺织服装教育协会协同中国纺织出版社，认真组织制订“十二五”部委级教材规划，组织专家对各院校上报的“十二五”规划教材选题进行认真评选，力求使教材出版与教学改革和课程建设发展相适应，充分体现教材的适用性、科学性、系统性和新颖性，使教材内容具有以下三个特点：

（1）围绕一个核心——育人目标。根据教育规律和课程设置特点，从提高学生分析问题、解决问题的能力入手，教材附有课程设置指导，并于章首介绍本章知识点、重点、难点及专业技能，增加相关学科的最新研究理论、研究热点或历史背景，章后附形式多样的思考题等，提高教材的可读性，增加学生学习兴趣和自学能力，提升学生科技素养和人文素养。

（2）突出一个环节——实践环节。教材出版突出应用性学科的特点，注重理论与生产实践的结合，有针对性地设置教材内容，增加实践、实验内容，并通过多媒体等形式，直观反映生产实践的最新成果。

（3）实现一个立体——开发立体化教材体系。充分利用现代教育技术手段，构建数字教育资源平台，开发教学课件、音像制品、素材库、试题库等多种立体化的配套教材，以直观的形式和丰富的表达充分展现教学内容。

教材出版是教育发展中的重要组成部分，为出版高质量的教材，出版社严格甄选作者，组织专家评审，并对出版全过程进行跟踪，及时了解教材编写进度、编写质量，力求做到作者权威、编辑专业、审读严格、精品出版。我们愿与院校一起，共同探讨、完善教材出版，不断推出精品教材，以适应我国高等教育的发展要求。

中国纺织出版社

教材出版中心

艺术家蔡国强《农民达·芬奇》展览标语

序1

2010年，艺术家蔡国强先生在上海做了名为《农民达·芬奇》的个展，展出了他收集的农民发明家所创造的各种有趣物件，其中包括能说能走的机器人、可以下水的航母以及飞上天就不知如何降落的飞行器等。它们的制造者虽然每天要重复繁重的田间耕种，却依然保持着对于创造最质朴和纯真的愿望。艺术家从这一中国最大的群体——农民身上看到了创意的火花、灵感的源泉、质朴的审美和行动的力量，更重要的是指出了中国发展的必然趋势和方向——从“中国制造”到“中国创造”。

从1978年改革开放至今，中国已然成为全球第二大经济体，但中国很多地方的环境资源遭到严重破坏，产业结构的调整迫在眉睫。我们需要创造性思维带动产业的升级、提高产品的附加值，打造真正国际性品牌；我们需要创造性思维引领中国时装界进军世界四大时装周；我们需要创造性思维提升设计教育，为时装界提供源源不断的生力军！

如今的高校设计教育中，对于学生创造性思维的培养、创新能力的开发以及如何有效进行创意的设计方法论的普及，已经成为该教育的核心内容，是培养综合性高素质人才的基本条件。

而对于我们自己，也需要培养创造性思维，这不是为了应付学业或工作，而是因为我们能从中体会到无穷的乐趣，它将为我们打开一扇门，通往新奇、灵感与幽默；它能令我们每一个细胞都充满活力，时刻获得新鲜的血液。它是氧气，是营养丰富的汁液；它是方法，是更智慧地解决问题的生活之道。

创造即生活。

苏永刚

2014年1月

序2

首先要感谢在编著期间给予编者帮助的各位老师、朋友。在如今的高校设计教育中，对于学生创造性思维的培养、创新能力的开发以及如何有效进行创意的设计方法论的普及，已经成为该教育的核心内容，是培养综合性高素质人才的基本条件。而创意类的服装设计往往是高校课程中的重点，在以往的教学中，我们已经开始逐渐吸取西方的设计理念，尽量为学生创造更好的环境，去理解西方文化中对于个体化和社会多元化的理念。我们坚信拥有良好的生活态度与审美水平，正是学生们从事设计学科的必要条件。因此在教程中，我们将富有新意的图片与文字通过合理的排版，从视觉上避免了以往教材视觉效果单一的缺点。同时在教材内容中也包含了大量的西方当代艺术与时尚之间的关联，从设计思维上让学生更好地理解，去感受，去观察。

第一章主要介绍了如何认识、开发创造性思维的方法，并结合范例，包括部分西方当代艺术创作，阐述了认知与开发创造性思维的能力训练。在第一章的创造性思维训练中，重在加强用服装以外的形象思维、联想思维方法进行课堂训练，让学生可以更直观地从多角度提高设计水平，从而更好地理解第二章中速写本、灵感搜集的重要性。

第二、第三章是本教材的重点，对素材、灵感深入的调研把握，可以更好地促进学生对于服装风格、廓形的掌控。素材本对于国内的学生来说，也是一个很少接触的方面。以往国内的教育往往是老师讲完课，学生就直接进行款式设计并绘图，而对于系列主题的文化背景调查很少，甚至几乎没有。而通过素材本的练习，我们会要求学生更深入细致地去体验设计主题，了解更多与主题相关的背景文化和细节，使学生对之后的款式设计具有良好的认识和充足的准备。因此，从第二章开始，重在引导学生进入设计语境，避免以往设计教育中急于画稿而陷入形式主义，让学生正确理解设计的目的是在于自我的表达，并给予相对科学的设计方法论，即：从文化调研和设计素材收集、整理出发，开启主题设计。而在本书的第三章中，我们为学生深入地解析了服装中各个类型的廓形、风格与细节落实到具体的款式中可以怎样去组合利用。对于第二、第三章，需要较多的课堂时间进行讲解和训练，同时还可以让学生进行相应的课堂、课后练习，相信会对学生在专业技能与设计认识上有所助益。

延续第三章，结合第四章，为读者梳理出一条设计道路，如何从调研的资料中得到图案、形式、工艺及结构上的启发，并能通过一定的方法进行服装形式的转化，同时，配合大量优秀案例进行直观说明。最后的这两章为设计落实环节，提醒学生从系列的高度把控所有设计环节。

总的来说，本教材观点新颖，图例精彩，对于学生更好理解服装设计思维训练有着积极的作用。

编著者

2014年12月

教学内容及课时安排

章/课时	课程性质/课时	节	课程内容
第一章 （16课时）	讲述 （16课时） 课堂练习 （16课时）		开发创造性思维
		一	对创意的认识与态度
		二	创造性思维的几种常见模式
		三	所谓“垃圾”——与材料对话
第二章 （16课时）			创意服装设计的开端
		一	人人都需要草稿本（SKETCH BOOK）
		二	灵感来源途径
		三	设计主题的确定与充实
		四	材料再造带来的可能性
第三章 （8课时）	以讲述为主 学生进行课后作业 （16课时）		服装创意设计的过程
		一	设计元素提炼与方法
		二	设计元素的转化方式
		三	服装设计中的形式
		四	服装造型创意
第四章 （8课时）			系列的贯穿与延伸
		一	服装设计图——系列成型的第一步
		二	细节在时装中的体现
		三	系列的贯穿与延伸

注 各院校可根据自身的教学特点和教学计划对课程时数进行调整。

目录

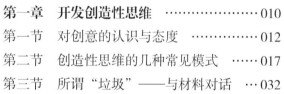

NO 1

第一章 开发创造性思维

STARTING POINT

第一节　对创意的认识与态度

第二节　创造性思维的几种常见模式

第三节　所谓『垃圾』——与材料对话

第一节　对创意的认识与态度

长久以来，在国内的服装教学中有一门重要的专业课，叫创意服装设计。顾名思义，从字面来看是偏重于创意的服装，不幸的是，被更多的人理解为各种夸张的造型。这样的概念是否是一个悖论呢？仿佛创意服装一定要有夸张的造型和轮廓，而日常中的成衣却是没有创意的。很多时候人们都挖空心思去追求创意，但在努力追求更好创意的同时我们也应该正确认识，创意到底是什么？（图 1–1）

图1–1　创意即生活

艺术家尼克·克伍（Nick Cave）从社会事件中得到的创作灵感。

生活即创造，如同行走、坐卧、吃饭。创意是生活的一部分，也是我们与生俱来的一种能力。这种能力就像饭菜里的盐，并不昂贵，仿佛是可有可无却必不可缺，这个话题无须再谈。在国外，创意早已完全融入日常生活之中，成为街头巷尾、点点滴滴中的平凡而珍贵的“盐”（图 1–2）。而就目前的形式来看，我们离这样的生活方式还有一段距离，创意暂时还是被放置在神坛上的一个名词。在我们挖空心思去追求它的时候，我们也许并没有真正了解，追求创意的过程有时候需要将自己放平，去了解生活的点滴（图 1–3）。

一直以来西方对艺术的重视以及当代艺术的发展，为创意的产生提供了很好的条件。西方文化中对个体的肯定和社会价值观的多元也让西方人能更自由地表达创意。如今国人已经不再对温饱担忧，开始追求生活的艺术，这时，与其羡慕西方创意的成品，还不如借鉴其生活的态度、对艺术的尊重以及对多元价值的肯定（图 1–4~ 图 1–8）。

图1–2 丰富多彩的欧洲女性

欧洲街头常常可以见到这样的女性：即便已经老去，也要将创意和时尚进行到底。

图1-3　日常生活中的创意设计

普通的日常用品也是实现创意的好舞台，充满创意的椅子颠覆了人们固有的概念。

图1-4　艺术家约瑟夫·哈维尔（Joseph Havel）作品

约瑟夫·哈维尔收集服装商标制作的装置艺术作品，旨在反思人类的欲望。

图1-5　艺术家吉姆·左恩（Jim Drain）作品

艺术家常常将纺织品、陈旧的物件等连贯的联接起来，创造出五彩缤纷抽象的连续作品。

图1-6　艺术家玛利亚·卡瑞恩（Marya Kazoun）作品《被忽视的皮肤》（*ignorant skin*）

艺术家玛利亚·卡瑞恩利用毛发、纺织物等材料实现了“clothing—sculpture”（服装雕塑）的概念。

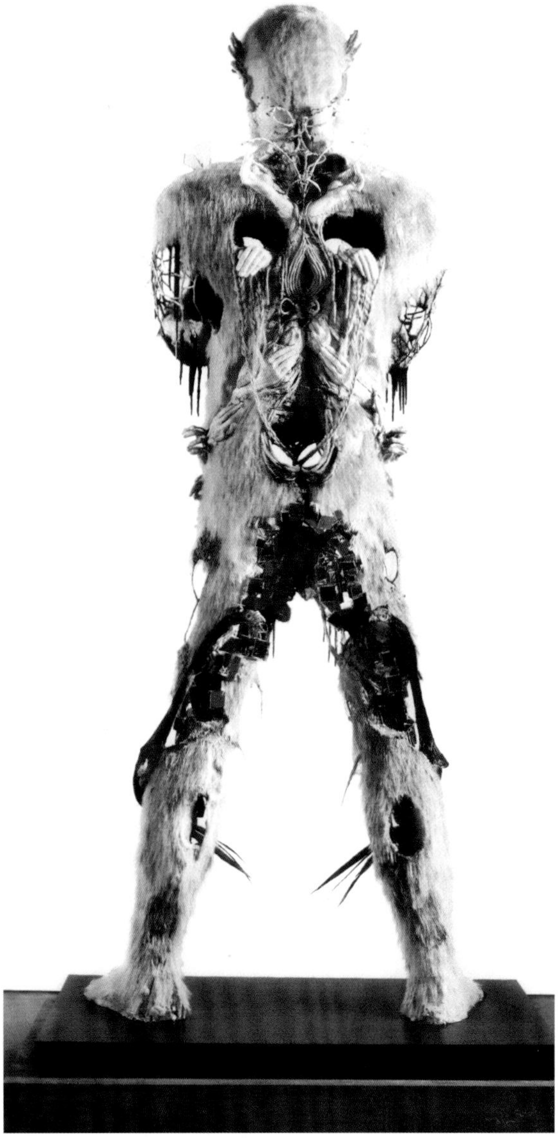

图1-7　艺术家大卫·阿尔特米德（David Altmejd）作品

艺术家通过不同面料的整合，传达与身体和生机相关的奇妙想法。

图1-8　意大利艺术家拉娜·费芙利托（Lara Favarettol）作品

在拉娜的作品中,主要展现人造物件的持久性与自然事件的瞬间性，同时也反映了审美形式与虚无概念的内在矛盾。

第二节　创造性思维的几种常见模式

创新往往会让人产生这样的误解：不就是一些奇思怪想和胡乱的拼凑吗？如果只是停留在形式上加加减减，那么很快，创意的源泉会因肤浅和流于表面而枯竭。创意绝不只是把玩形式，它有着更深和更广的内涵，也对设计者提出了思维方法与文化积淀的要求。当我们真正能掌握方法，它将不再是幽灵。

在我们急于进入设计之前，还有更重要的事情，那就是打开我们的头脑，保持新鲜和开放的状态，小心避让惯性思维。

一、联想思维

联想思维是人类与生俱来的本能，是最基础的思考模式（图1–9）。它是指人脑记忆表象系统中，由于某种诱因导致不同表象之间发生联系的一种没有固定思维方向的自由思维活动。其主要的思维形式表现为幻想、空想、玄想。其中，幻想在人类的创造活动中具有重要作用。

图1–9　联想训练（学生作品）

通过快速的图形联想能在短时间内激发联想能力，简略的草图中可以看到有趣的变化。

人的思维是人脑对客观事物间接的概括反映，是人脑对感知觉所提供的材料进行“去粗取精、去伪存真、由此及彼、由表及里”的加工，是对事物的本质属性及内部规律性的反映，它属于认识的高级阶段。

在常见的思维模式中，有两种被广泛应用于艺术创造领域：第一种是形象思维（也称“直感思维”），它是建立在经验或直觉的基础上，指导人类产生智能的行为。在具体的设计行为之前，我们需要有意识地扩大和建立我们的感性材料储存，尽可能多地观察社会生活，积累视觉经验。第二种是灵感思维（也称顿悟思维），它是形象思维的拓展，由直感的显意识扩展到灵感的潜意识。这种思维模式对于设计师就尤为重要了，它要求我们在形象思维积累的基础上进一步挑选、归纳，甚至多学科的交叉，最终从中快速获得灵感和领悟，灵感思维并非产生于偶然。

人脑思维的基本单元是神经元，而神经元的基本机能是在刺激作用下产生兴奋和传导。所以，联想思维模式具有一些基本表征，它是由两个或多个思维对象之间建立联系，具有较强的连续性。我们在进行思维时，出现在脑海中的首先是视觉的片断，所以需要对思维对象进行形象的概括，利于大脑信息的储存和检索，活化创新思维的活动空间，并且能为其他思维方法提供基础和原材料。

联想思维方式主要包括：

（1）相似联想。指由一个事物外部构造、形状或某种状态与另一事物的类同、近似而引发的想象延伸和链接。

（2）相关联想。指联想物与触发物之间存在一种或多种相同而又具有极为明显属性的联想。比如看到鸟儿想到飞机，由蘑菇想到小伞，水中的鱼儿让人联想到自由等。

（3）对比联想。指联想物与触发物之间具有相反性质的联想。比如看见黑夜联想到白昼，处在炎热的夏天联想到冬日的冰冷等。

（4）因果联想。源于人们对事物发展变化结果的经验型判断和想象，联想物与触发物之间存在一定的因果联系。比如由毛毛虫联想到美丽的蝴蝶，看到姹紫嫣红的花朵联想到丰硕的果实等。如图 1-10 所示。

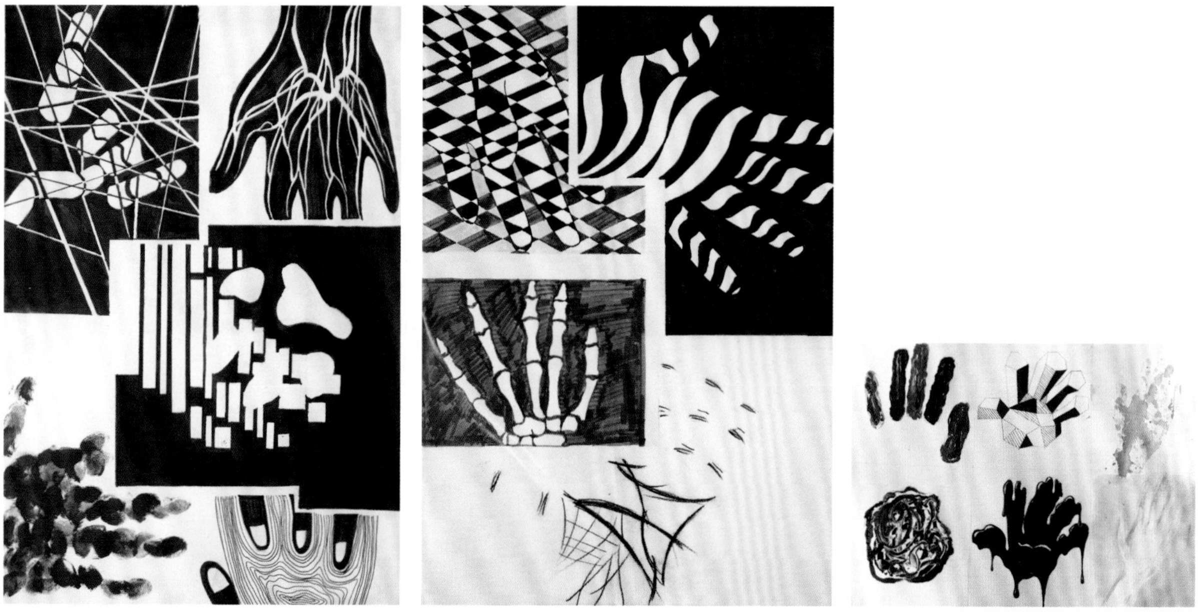

图1-10　联想训练：一只手的联想与创意表现　学生作品

在更进一步的训练中，学生开始尝试对某一物体的相关联想和创造性表现。各种各样的形式衍生出不同的效果。

二、逆向思维

当大家都朝着一个固定的思维方向思考问题时，而你却独自朝相反的方向思索，这样的思维方式就叫逆向思维（图 1-11）。它是对司空见惯的似乎已成定论的事物或观点反过来思考的一种思维方式。敢于“反其道而思之”，让思维向对立面的方向发展，从问题的相反面深入地进行探索，树立新思想，创立新形象。人们习惯于沿着事物发展的正方向去思考问题并寻求解决办法。其实对于某些问题，尤其是一些特殊问题，从结论往回推，倒过来思考，从求解回到已知条件，反过去想，或许会开辟出新的途径，甚至得到意想不到的答案。

逆向思维存在于多种领域和活动中，具有一定的普遍性。它的形式更是无限多样，如性质上对立两极的转换，软和硬、高与低等；结构、位置上的互换颠倒，上和下、左与右等；过程上的逆转，从气态变化为液态，电转换为磁等。不论哪种形式，只要从一方面联想到与之对立的另一边，就是逆向思维。

图1-11　逆向思维作品

永远没有出口的道路本身就是悖论，却带来了充满创意感的视觉形式。

图1-12　亚历山大·麦克奎恩作品

设计师将颜料随机喷洒到行走的模特身上，以此绘制服装图案打破服装惯常的展现方式。

运用逆向思维的人是勇敢的！因为他敢于挑战常规、质疑常识、打破惯性、颠覆传统，破除由经验和习惯造成的僵化的认识模式。

下面是在设计中常用的逆向思维类型：

（1）反转型逆向思维。这种思维模式是指从已知事物的相反方向进行思考，产生发明构思的途径。比如牛仔裤是穿到下身的，反过来想想，能不能将它穿到身上去呢？保留裤装的基本结构和特征，进行一些改装，新的款式就此诞生！

（2）转换型逆向思维。是指在研究问题时，由于解决该问题的手段受阻，因而转换思考角度，或采用另一种手段，创造性地解决问题的思维方法。比如亚历山大·麦克奎恩（Alexander Macueen）的一次有趣的服装发布，模特都穿着纯白色的服装上场，T台两旁则是两组巨大的颜料喷枪，随机地为服装喷上颜色。设计师在进行服装设计时并没有按照常规思维购买现成花色的面料，而是采用了转换型逆向思维，直接将色彩喷溅到服装之上（图1-12）。

（3）缺点型逆向思维。这是一种利用事物的缺点，将缺点变为可利用的东西，化被动为主动，化不利为有利的思维方式。这种方法并不以克服事物的缺点为目的，相反，它是将缺点化弊为利，创造性解决问题。比如曾经风靡一时的“窟窿装”，就是典型的缺点型逆向思维，服装上的破洞本是让人气恼和无奈的一件事情，常规思维是进行缝补，那固然会留下难看的针脚。在缝补之前灵光一闪，不如将计就计，刻意制造更多的窟窿，反倒成为非常新颖的款式（图1-13）。

图1-13　川久保玲（Comme des Garcons）设计的“窟窿装”

日本设计师川久保玲巧妙的利用面料破坏的效果进行创造。

图1-14　山本耀司（Yohji Yamamoto）作品

在山本耀司的历次发布当中，解构主义总是他一以贯之的风格。对传统西服的解构是日本人拿来主义用到极致的表现。

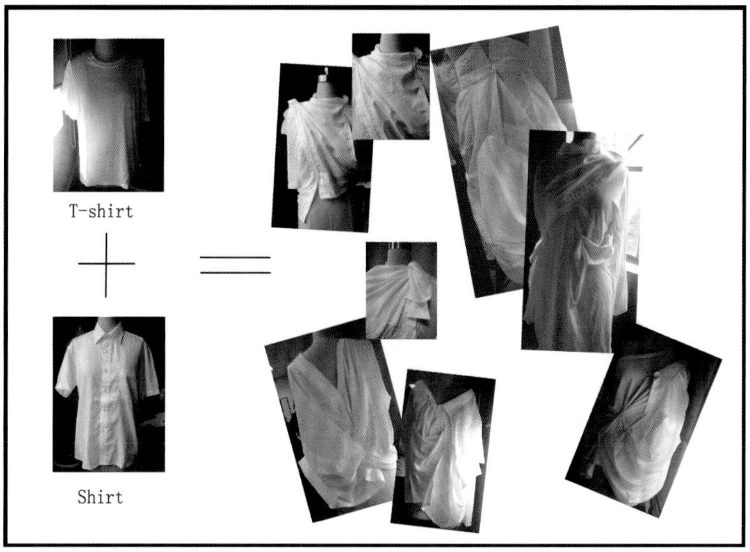

图1-15　《解构训练》作者：廖如涵

在基础的解构训练中，利用一件T恤和一件衬衫，不同的组合方式打破了常规的穿法，引发更多设计上的可能性。

综合以上几种常见的逆向思维模式，在服装设计中可以有如下几种设计应用手法：

1.解构重组

解构思维是后现代系统中重要的组成部分，同样属于转换型逆向思维。打破已有的结构模式，利用现有结构进行再次重组，进而产生新鲜的视觉感受，因为常规的结构或被置换、或颠倒、或重组，所以常常让人有错愕的感觉（图 1-14~图 1-16）。

在创意服装设计当中，解构重组的概念主要体现在两个方面：首先是最直接的层面，也就是服装结构的解构，打破或利用原有的服装结构进行破坏或重组，带来款式上的丰富感受和创新。日本设计师山本耀司（Yohji Yamamoto）是个设计高手，他的惯常手段就是对传统的西装款式进行解构，从而创造出新的服装结构。

更深层次的解构除了存在于技术层面，还存在于精神层面，比如对于概念的解构，对于定义的质疑，对于传统的颠覆。在此基础之上，人类拓展了思想的无限空间，为艺术创作另辟蹊径，甚至有的作品无限挑战感官底线。比如设计师胡森·查拉扬（Hussein Chalayan）在 20 世纪 90 年代曾经推出过耸人听闻的服装：三个裸体女人站在海滩上，每个女人身体用三根线围绕起来——她们几乎什么也没穿，这样的时装发布令人费解。然而仔细思考，设计师其实是对于传统的“服装”概念做了一次彻底的解构。

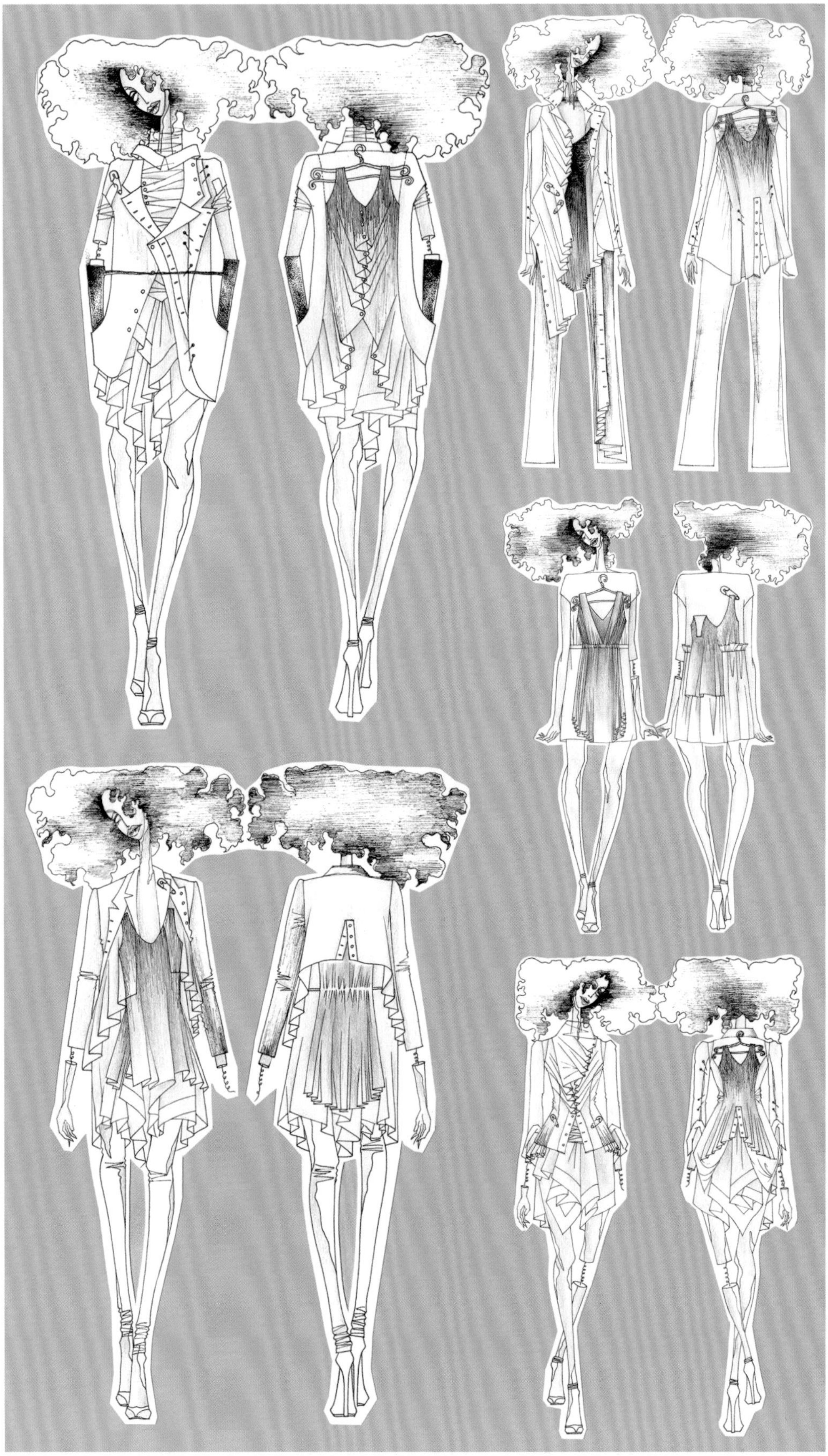

图1-16 《玩味哲学》 钟扬
作品的设计点在于重组服装的形态，形成解构重组的效果，两种服装形态的叠加形成有趣的感觉。

2.挪用置换

不同系统之间的相互置换，以及对常见事物的挪用重置，也是创意思维发展的重要手法。这要求我们时时刻刻要有一双发现的眼睛，积累和沉淀的态度，并且具备新奇、大胆的本领。试试将A系统的全部或部分元素置换到B系统中去，看看是否会有有趣的现象发生。

卡尔·拉格菲尔德的时装发布上有一款有趣的手袋，叫《人人都是拉格菲尔德》。将手袋把手提起遮挡面部，通过图案的置换，将出现设计师本人的造型，让人忍俊不禁（图1–17）。

图1–17 《人人都是拉格菲尔德》

设计大师卡尔·拉格菲尔德在这款手包中运用了明显的标签式挪用手法。（Karl Lagerfeld）

在创意手法上，日本艺术家森村泰昌的作品完美地诠释了挪用与置换的思维方式，拓展了作品的模式与意义。在森村泰昌最著名的作品《艺术史的女儿》系列中，他借用了西方艺术史中的经典作品。设计师用自己的身体和肖像置换了画面中所有的人物，并用一些东方的东西置换原本画面中西方的东西。

他的作品在挪用大师名作的基础上，巧妙地制造出细节的差异，并使得同样的作品在不同的东西方社会文化框架之下具有了不同的符号意义。当今世界人类都搭上了现代主义的快速列车，追随着西方文明一路呼啸而去，在这样的全球化的时空构架之下，森村泰昌的作品以及其背后的创意模式引发了人们更多、更有张力的思考。

性别置换同样是他作品的重要手段，森村泰昌在作品中时男时女，演绎变换着性别角色。将雌雄同体或是同性情欲的概念引入作品之中。这些艺术史上的经典作品中，不论男女，其角色都隶属于社会的集体认同以及严格的文化规范，森村泰昌策略性地模糊了自我性别，正是巧妙地游走其间，陈述差异（图1–18）。

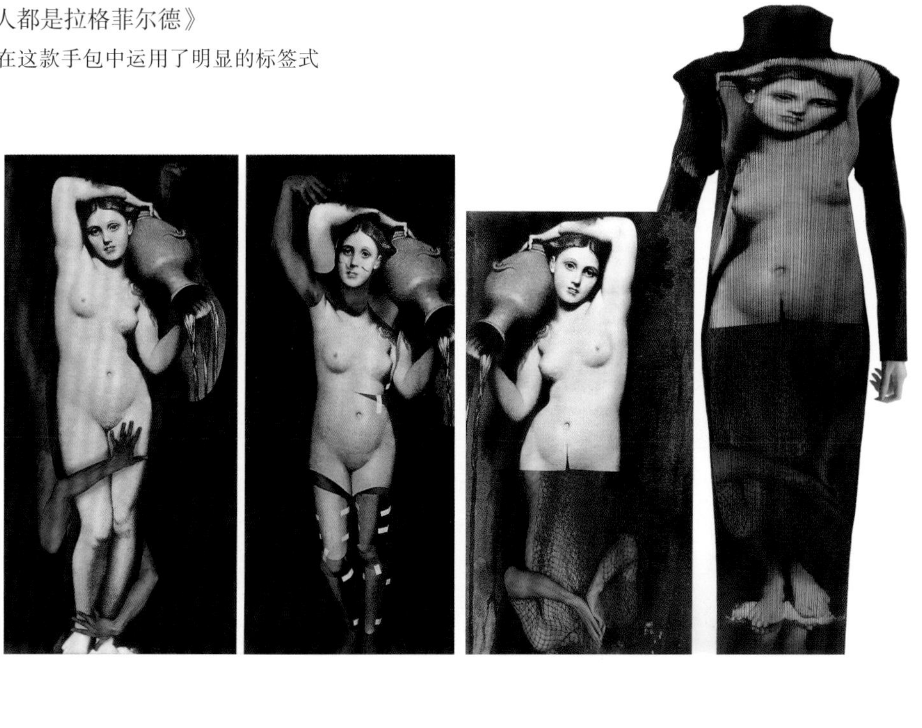

图1–18 《艺术史的女儿》之一

日本著名当代艺术家森村泰昌（Yasumasa Morimura）作品中运用了挪用重组的手法，极富艺术性。

1996年，日本设计师三宅一生（Lssey Miyake）和多位艺术家跨界合作，包括森村泰昌、荒木经惟（Nobuyoshi ararki）、雕塑家蒂姆·霍金森（Tim. Hawkinson），将艺术家们的作品和形象作为图像直接运用到他的《我要褶皱》系列服装之中（图1–19）。挪用置换的设计手法应用非常广泛，在诸多设计品类中都能窥见它的影子（图1–20、图1–21）。

图1–19 三宅一生《我要褶皱》系列设计

三宅一生与多位艺术家跨界合作，在他著名的褶皱面料上置换艺术家作品。

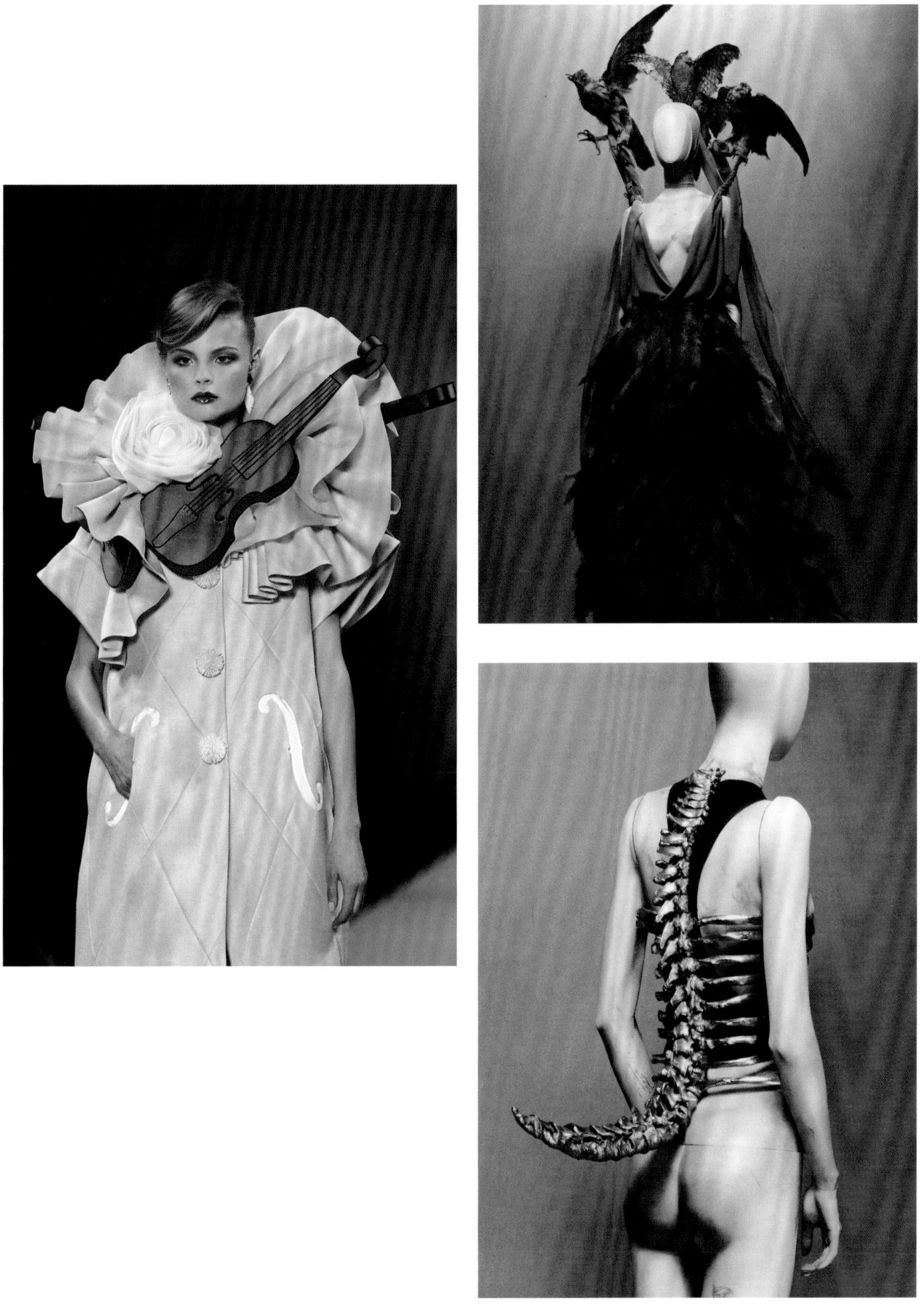

图1-20 挪用手法在创意服装中的应用

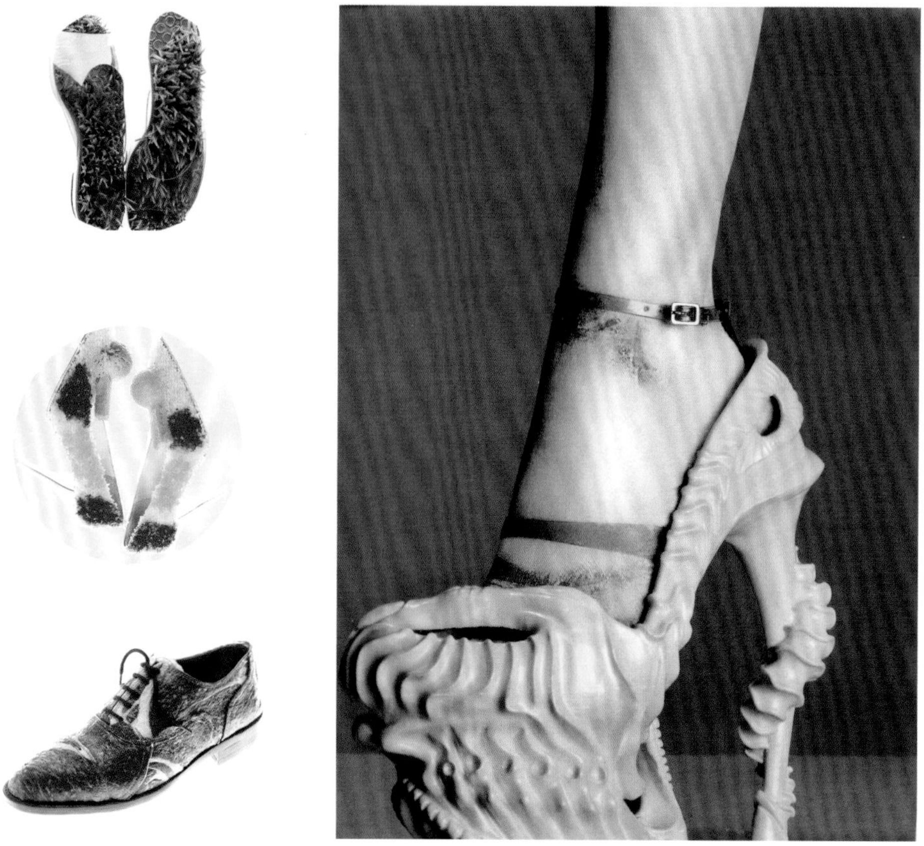

图1-21　挪用手法

在服饰配件设计中，可以对不同材质加以想象和利用，以创造有趣的视觉效果以及产品卖点。

3.戏谑反讽

这种设计手法要求我们具有较强的批判性思维和挑战精神，习惯思考，质疑常规，甚至带有一些玩世不恭的态度。艺术本是人类智慧富余的产物、挑战定义的产物、充满思想的产物。

有时候我们的身份可以是如此的多样，可以是哲学家、诗人、画家、社会学家或人类学家。这时候的服装设计内涵与外延无限拓展，作为美妙的载体，它承载和传递我们的观念、思考、审美和领悟。设计行为已然成为艺术过程，它将是探索精神世界的手段，是我们思想的延伸。

因此，我们要敢于追求自由、藐视权威、彰显人性、反思自省。文艺复兴至今，这个课题永恒而持久（图 1-22~ 图 1-24）。

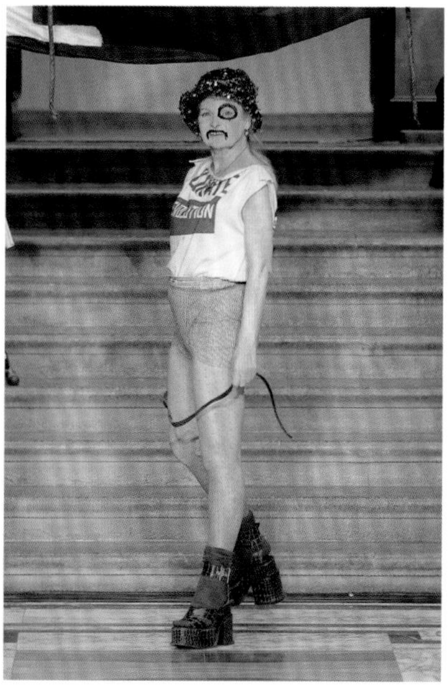

图1-22　戏谑反讽设计

薇薇安·韦斯特伍德（Vivian westwood）经常将讽刺戏谑的手法运用在自己的作品中。

图1–23 反讽设计

设计师利用护士装进行的反讽设计，将传统的护士装解构重组，表达出令人玩味的反讽意味。

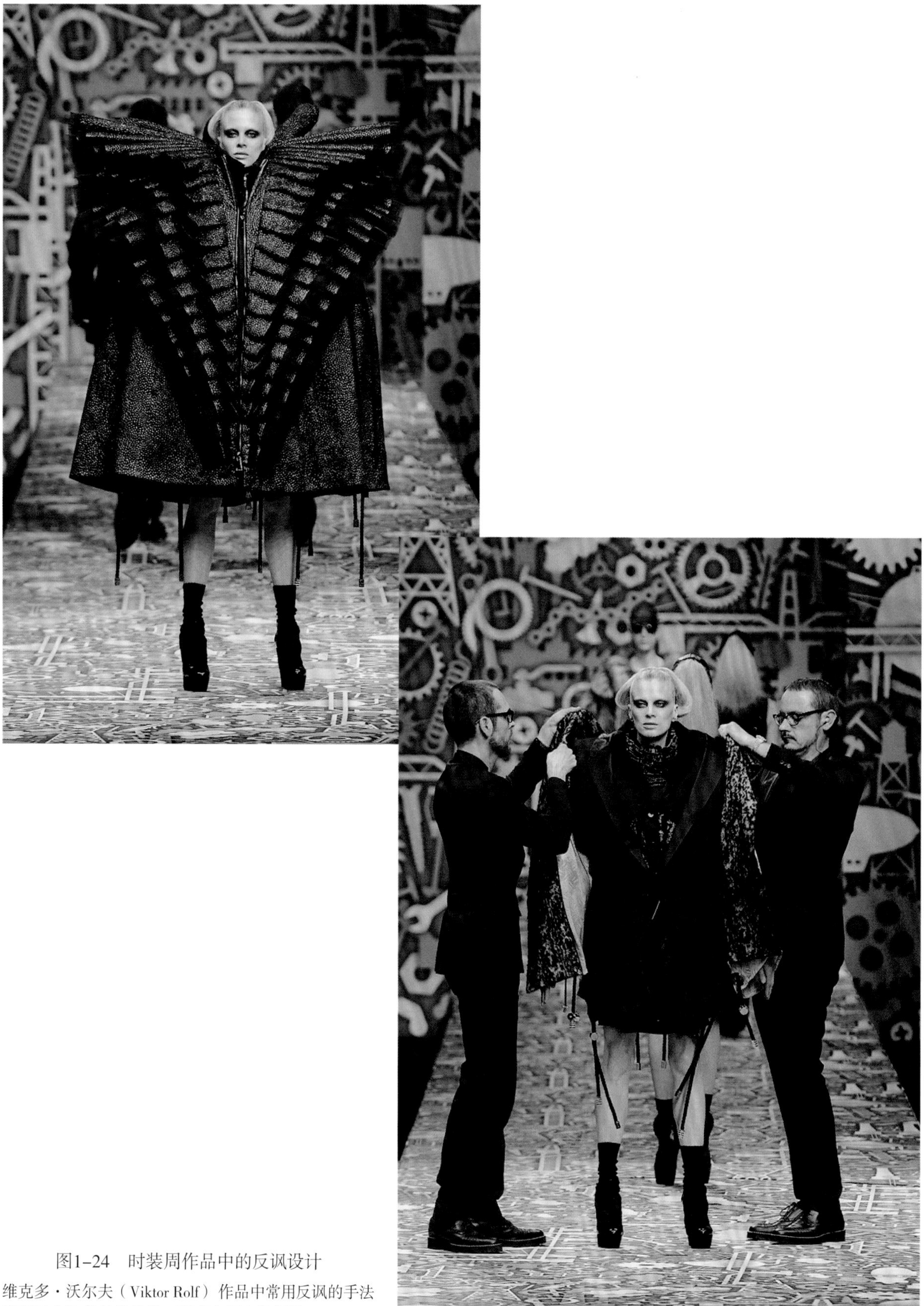

图1–24　时装周作品中的反讽设计

维克多·沃尔夫（Viktor Rolf）作品中常用反讽的手法表现对女性角色的反思，带有女权主义色彩。

图1-25 后殖民的混血儿

英国艺术家因卡 · 修尼巴尔（Yinka Shonibare）作品利用非洲传统的面料背后的含义传达出对殖民主义辛辣的讽刺。

英国艺术家因卡·修尼巴尔（Yinka Shonibare）是一名在作品中成功运用时装的艺术家，他通过时装来表明其政治和艺术立场，并赋予面料沉重和丰富的政治、社会、历史和文化蕴涵。因卡出生于伦敦，年幼时跟随父母回到家乡尼日利亚，在那里度过大量的童年时光，之后回到英国学习艺术。因卡的服装设计中最典型的标志莫过于一种非洲西部的纺织品。这些布料象征着后殖民文化的繁复性。尽管它们的图案和颜色是非洲的，但它们的制作工艺实际上是来源于印尼的蜡防印花法。英国人采用了这种制作工艺，结合英式设计，在英国北部设厂并雇用亚洲人进行生产，然后向非洲西部出口生产的布料。这种布料也因其特殊的背景产生了双重身份：在非洲具有进口商品的魅力，而在欧洲则有异国情调。因卡的服装设计原型来自于典型的英国维多利亚时期的贵族服装形制和样式，如紧身胸衣与裙撑，而面料却具有浓郁的非洲土著气息：明亮、热烈，甚至艳俗。严肃而不苟言笑甚至带有某种禁忌感的服装形制与鲜艳通俗的面料结合，产生出让人如此不适的效果，更何况他的模特还摆出挑衅夸张的姿势。艺术家对于西方世界所谓的“高尚”艺术和非洲殖民地“落后”的文化界定提出了尖刻的批评与讽刺。他也因此在2004年英国艺术的最高奖项“特纳奖”的评选中被提名（图1-25）。

图1-26　艺术家尼克·克伍（Nick Cave）作品——声音服装（Soundsuits）

艺术家尼克·克伍（Nick Cave）作品——声音服装，用无法界定的服装艺术对社会现象进行反讽，作品与微妙的叙事场景相契合。观众可以通过这些形象化的景观联系到一种社会意识，唤起共鸣。他的这一系列作品意在纪念 1991 年发生的黑人罗德尼·金被警察殴打，最终警察胜诉的历史事件（图 1-26）。

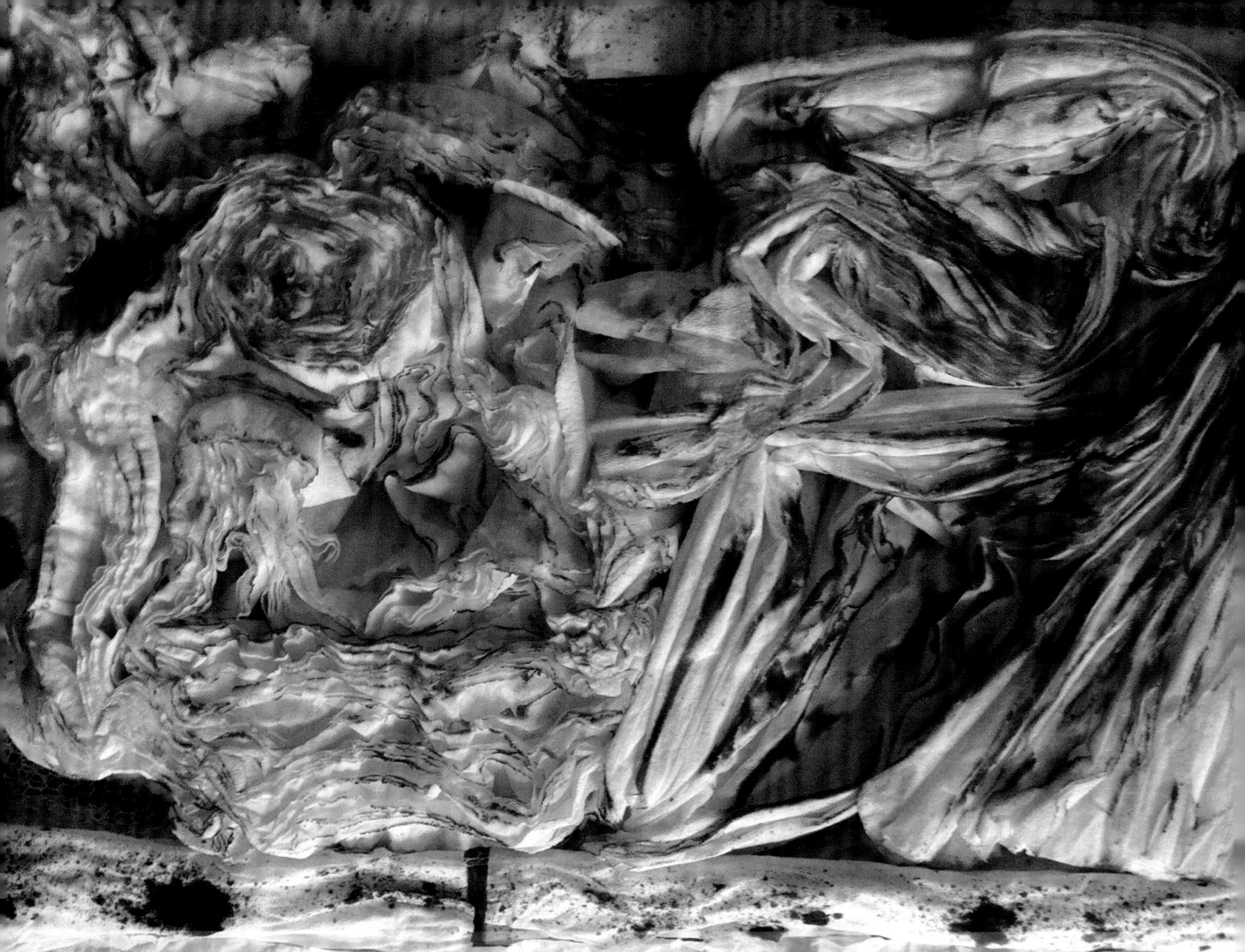

第三节　所谓“垃圾”——与材料对话

服装材料的创新是非常重要的能力，它既是创意思维的能力，也是材料发掘与整合的能力。设计师应具备发现的眼光以及创造性再利用的行动力。

不要忽略身边的“垃圾”，如包装盒、玻璃、金属、塑料产品甚至食物。通过再次加工，它们的组合可能会让人大吃一惊，呈现意想不到的视觉效果和肌理图案。那么这些都成了素材和灵感来源，为我们下一步的设计提供依据。

不要吝啬你的双手，先动起手来，尝试处理一些非常规的材料。我们可以排列它们，甚至组成图案；可以揉碎了、捏烂了，先破坏掉它们，再试试又能用什么办法将它们重新塑造；也可以借助一些加工手段或工具以产生特殊效果，如喷色、撕裂、火烧、电烤，等等。

这个过程既有趣又充满各种偶然性，常常会令人发出“啊哈！”这样的惊叹词呢！（图 1–27~图 1–38）！

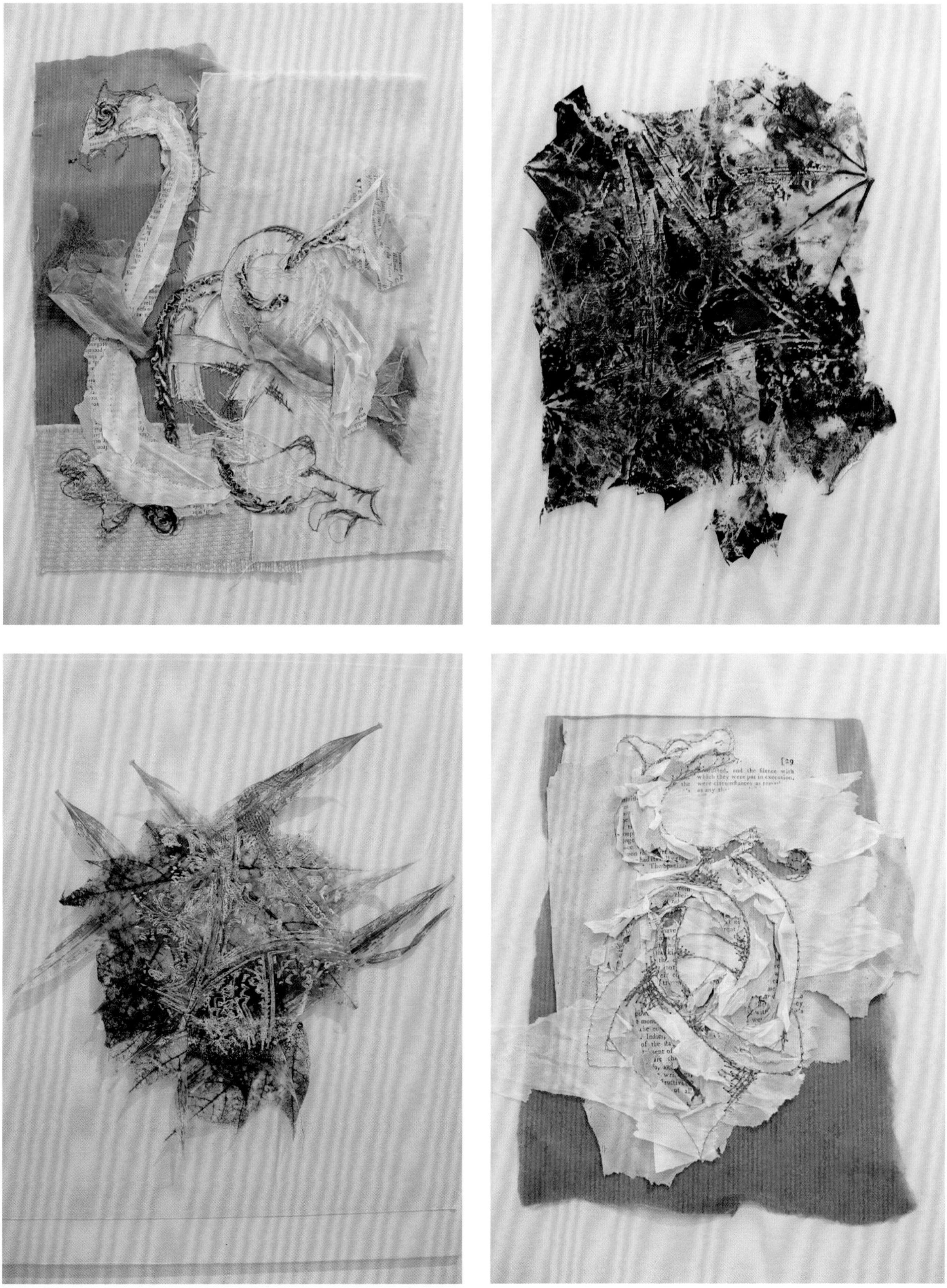

图1-27 英国学生作品

英国学生作品中对不同材料加以组合，探索纸张、布条、肌理的运用和整合，以产生复合效果。

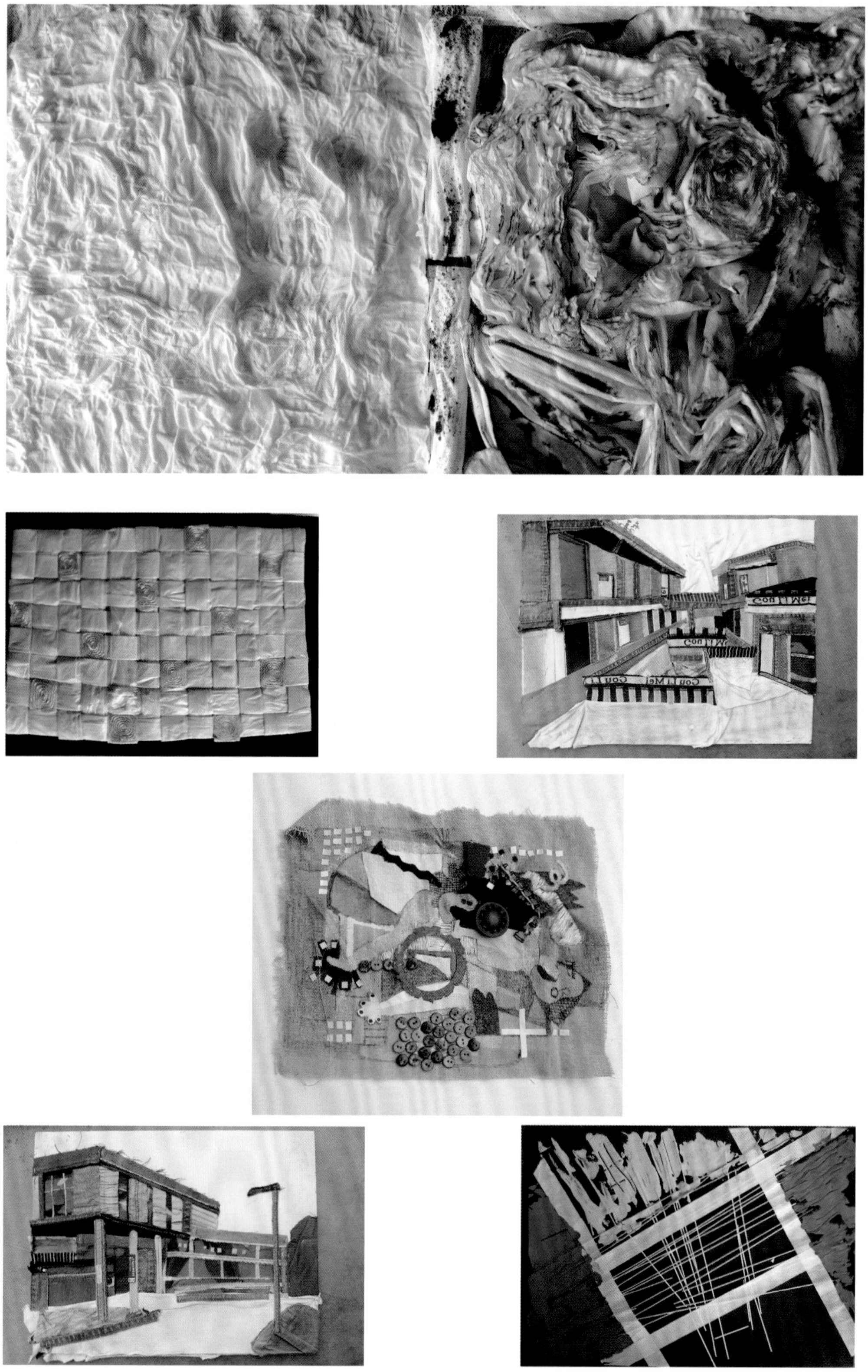

图1-28　学生材料作业

利用卫生纸、废弃塑料袋、旧衣服和生活垃圾等不同材料制作的作品，强调拼贴和创意风格。

图1-29　剪纸艺术在创意服装设计中的应用

设计师利用纸质材料和剪纸艺术进行创意设计，形成了独具特色的表面镂空图案。

图1-30　毛发材质在创意服装设计中的应用

设计师采用编织的手法形成既传统又新潮的视觉效果。

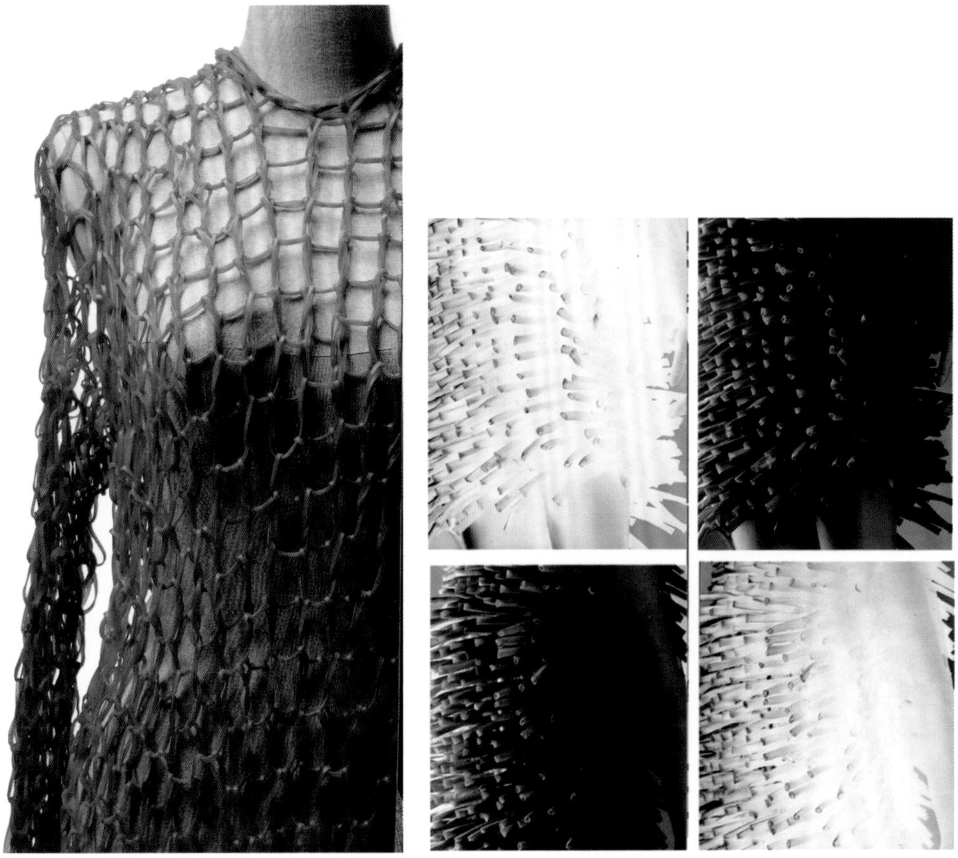

图1-31　塑料在创意服装设计中的应用

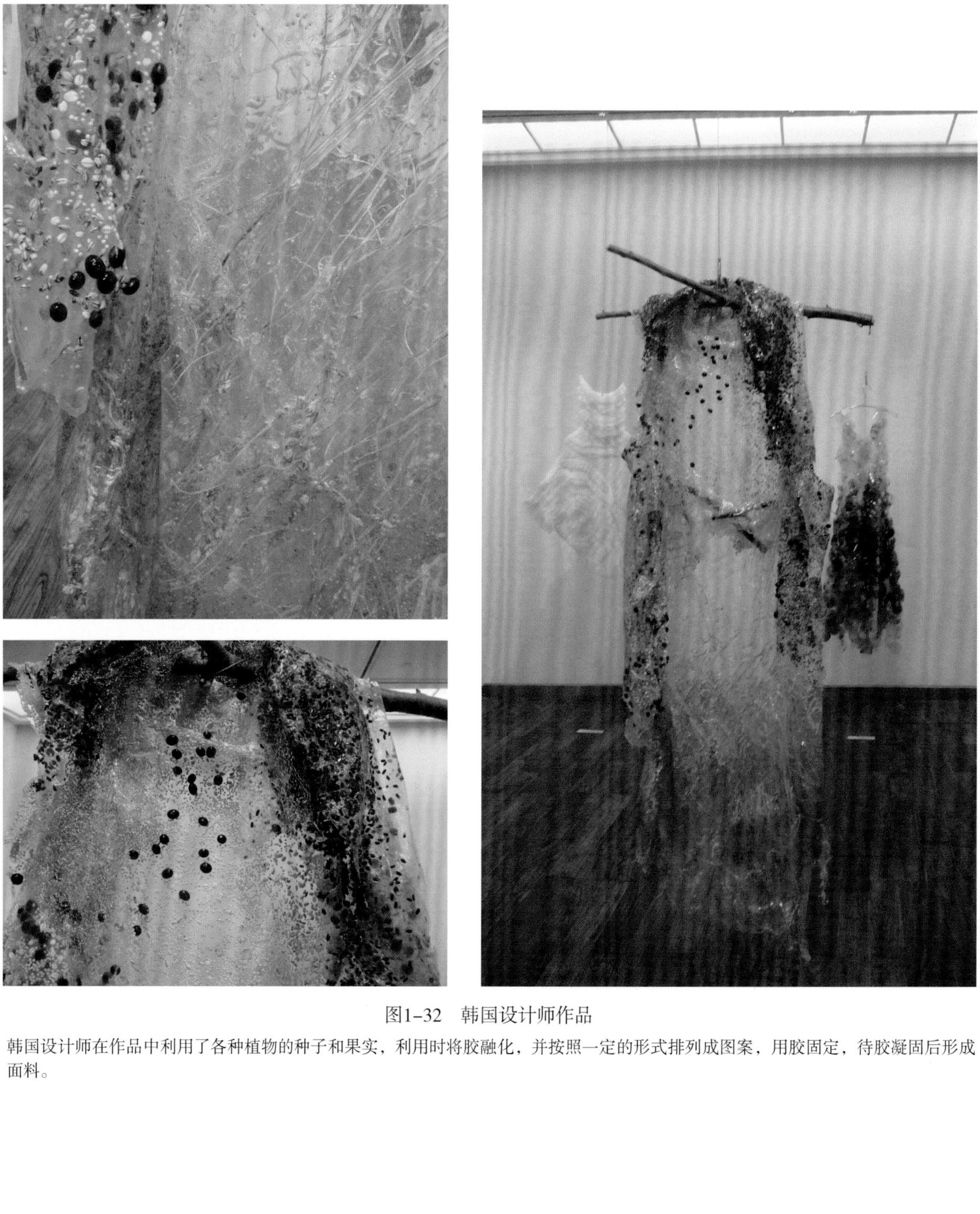

图1-32　韩国设计师作品

韩国设计师在作品中利用了各种植物的种子和果实，利用时将胶融化，并按照一定的形式排列成图案，用胶固定，待胶凝固后形成面料。

图1-33 金属效果的细节

设计师将各种亮片、金属纽扣组合成装饰，形成系列设计的亮点。

图1-34 复杂的花卉

不同形式、材料、造型的花卉组合在一起形成新的面料肌理，繁复又立体。

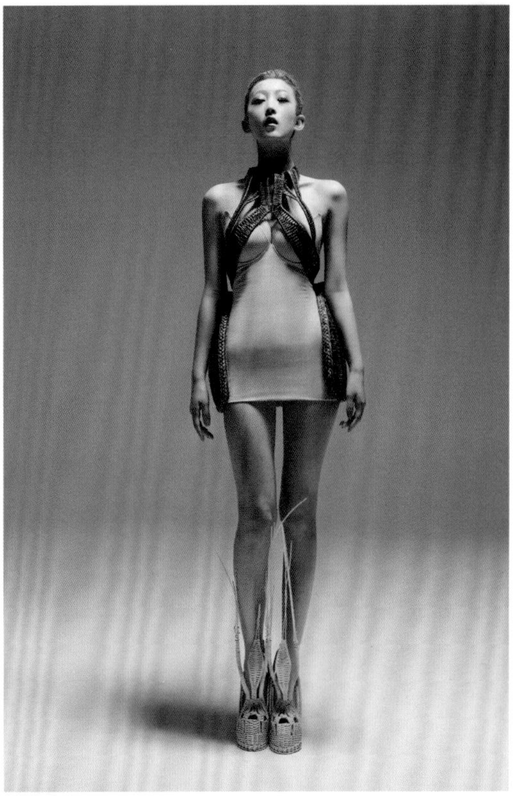

图1-35 学生作品

在服装设计中利用传统的藤编材料以及藤编手法，形成创意亮点。

图1-36　时装周作品

整个系列运用了金属质感的材料，形成了冷峻的视觉效果。

图1-37　各种材料后处理的细节

运用亮片、亚克力、PU、塑料等材质所形成的新效果，如何将材料组织和整合到一起是后处理中重要的环节。

图1-38 学生材料创意作品 作者：王伟

在此系列作品中，作者采用硬纸喷金属漆做出金属效果，尝试材料创新的同时也营造出现代主义感觉。

NO.2

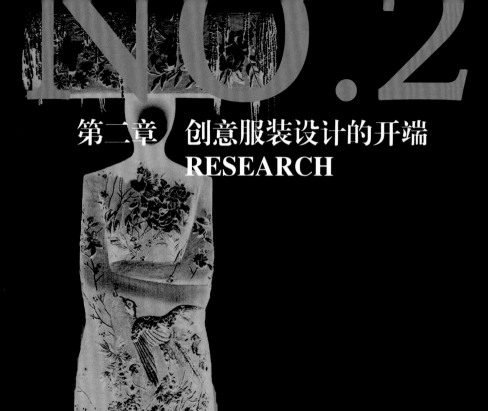

第二章 创意服装设计的开端

RESEARCH

第一节　人人都需要速写本（SKETCH BOOK）

第二节　灵感来源途径

第三节　设计主题的确定与充实

第四节　材料再造带来的可能性

图2-1　人人都需要速写本

第一节　人人都需要速写本（SKETCH BOOK）

人们往往会有这样一个误区，认为灵感是突然之间的灵光乍现，无意识中忽然兴起的神妙能力，神秘莫测的令人惊喜的幽灵；认为灵感总是在某一个不确定的时间，突然出现在我们的头脑之中，它稍纵即逝，很难捕捉。所以我经常听到诸多这样的感慨或抱怨：“哎呀，我画不出来，没有灵感”，“痛苦死了，灵感在哪里”。

可事实真的是这样吗？灵感真的是突然之间就会在脑海中闪现吗？如果我们仔细分析就会发现，所有的灵感都是瞬间的感性的发现，我们顺藤摸瓜，总是会找到“灵感”的来源。我们之前生活中所见、所闻、所感的一切都可能是灵感的来源，灵感就是这些残留在我们脑海之中的日常生活经验的片段。

所以如果只是独坐一隅，苦苦等待灵感的降临，就实在是太不明智了。应该认识到一点：灵感的获得是需要积累的。所有希望从事设计的学生，都应该为自己准备一个速写本——一个可以随时乱涂乱画、记录点滴的本子，如图2-1~图2-3所示。

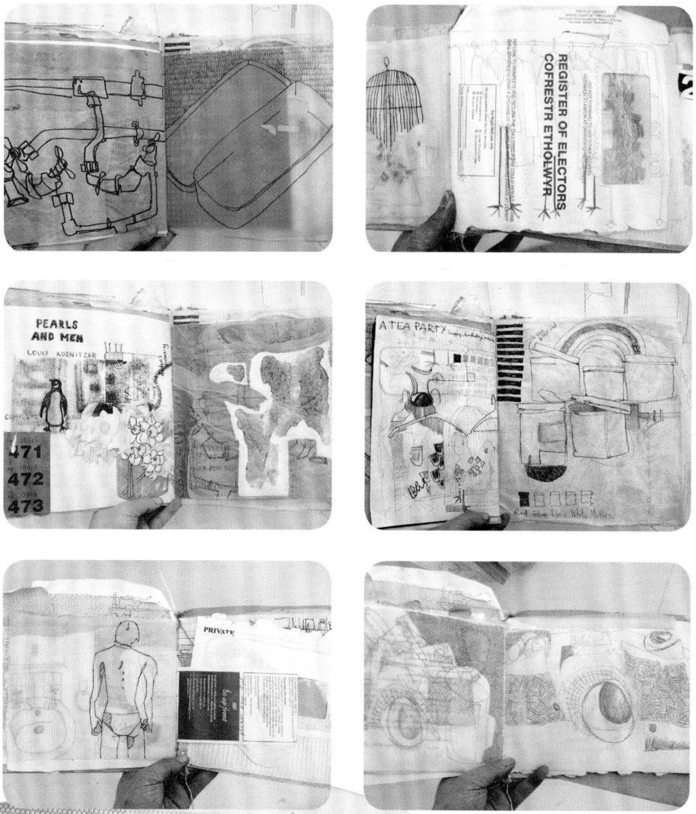

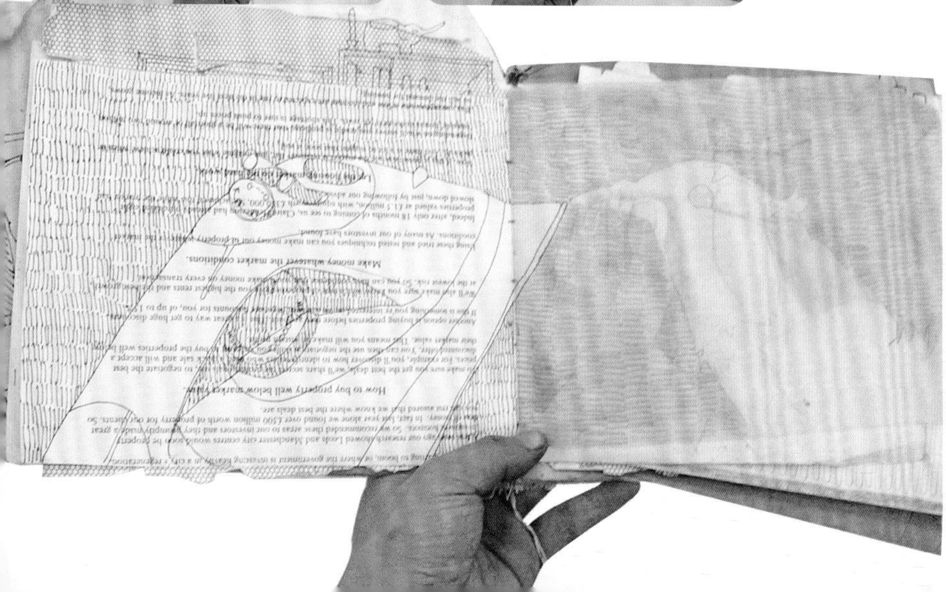

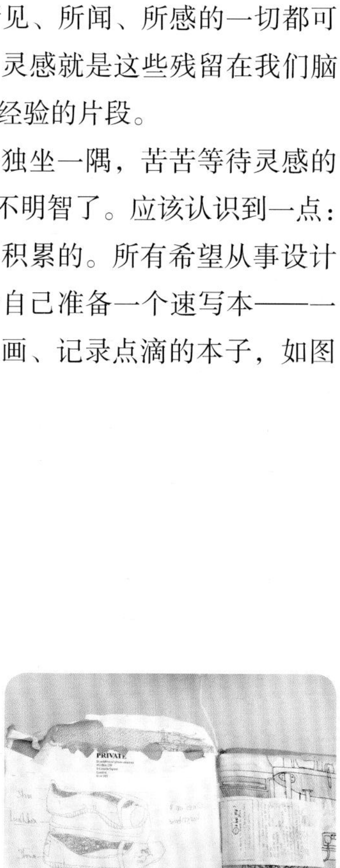

图2-2　欧洲学生的速写本（1）

我们应该养成随时记录的好习惯，也许是一张植物的速写，或是一张芭蕾舞的剧照。这就如同是另一种形式的日记本，通过这种方式可以促使自己观察生活或留心很多有趣的细节。要知道，我们之后的设计即将开始于此。

当我们拥有了这样一本速写本，我们就如同开辟了一个丰富的视觉空间。尽量尝试着在空白的页面上实践一切吧！用各种绘画材料涂涂画画，水彩、炭笔或丙烯，为什么不可以混合着用呢？喜欢的戏剧、歌曲、电影的海报、精彩的杂志画面，把它们收集起来，剪贴到一块吧！甚至是零食的包装纸、破旧的报纸或是一些被定义为“垃圾”的物品，也可以作为原材料拼拼凑凑、剪剪贴贴，让它们呈现出令人大吃一惊的样貌。

这将是有趣的、自由的、令人意想不到的过程。它既记录着我们的生活，又充满着创意，并且能提供无数的思路，让我们开启设计之路。

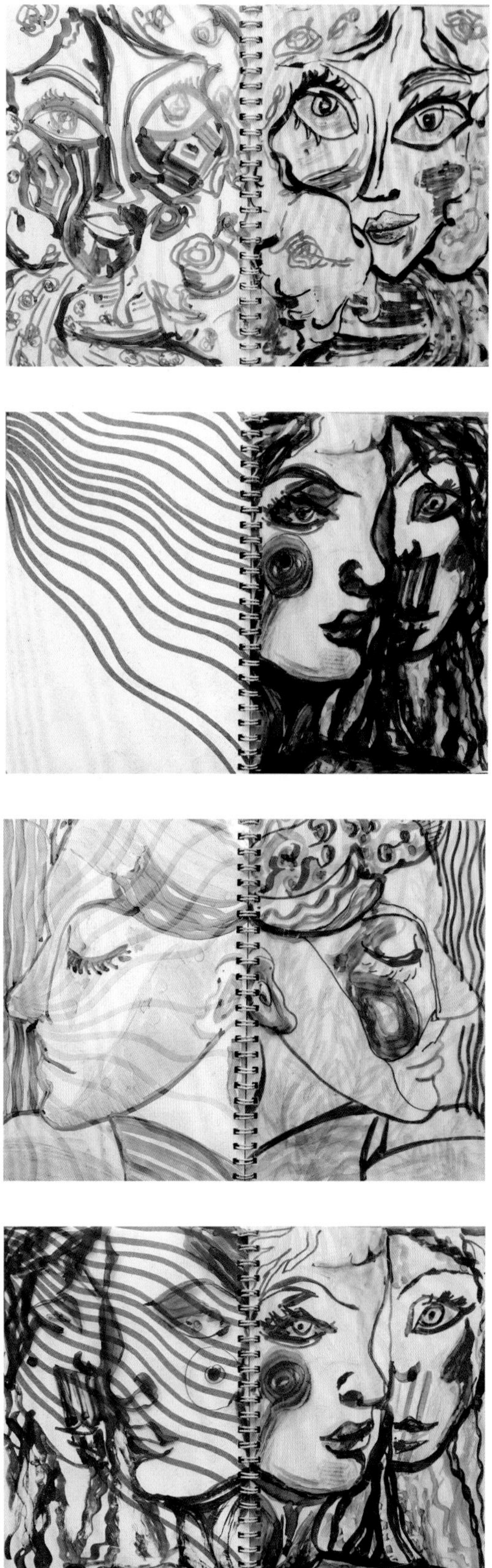

图2-3　欧洲学生的速写本（2）

第二节　灵感来源途径

毫无疑问，虽然灵感有着忽然降临的神秘属性，但是灵感的获得确是有方法可循的。扪心自问，日常生活中的自己都关注什么、爱好什么、了解什么。如果大脑一片空白，自然是灵感枯竭，又何来的设计可言呢？

如果决定从事设计工作，看看自己是否具备以下几条：

（1）有一颗敏感的内心。

（2）了解其他艺术门类，如绘画、雕塑、装置艺术、影像作品、多媒体艺术等（图 2-4）。

（3）涉猎文学、史学、哲学方面的知识。

（4）具备独立的思考能力。

（5）具备幽默感和好奇心。

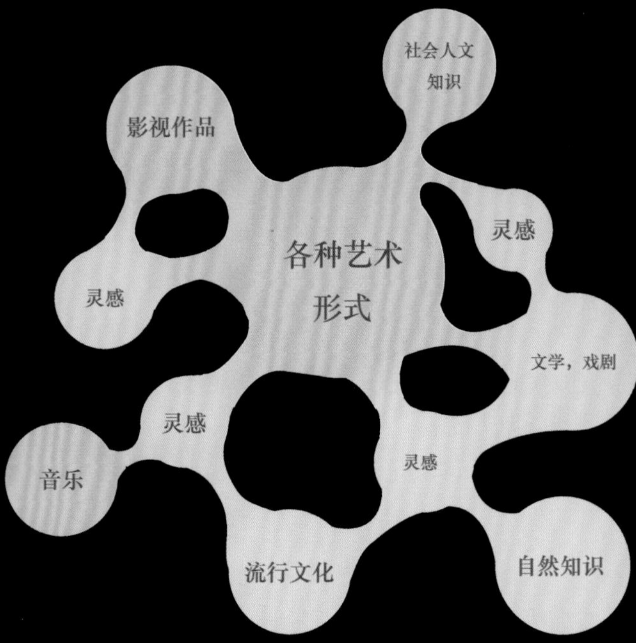

图2-4　各种艺术形式与灵感关系图

我认为，以上几条是成为一名优秀设计师应具备的基本条件。要想获得丰富的灵感，要想达到这些条件，就必须经过一定的积累，这不是简单地通过课堂就能达到的。那么，我们可以通过哪些渠道或方法来达到呢？

（1）阅读。设计师所从事的是反刍的工作，我们必须先学习很多知识，然后经过消化和吸收，最后转化到自己的作品中。所以大量的阅读是保证原材料充沛的最好方式之一。了解的门类越广、知识点越全面，得到的资讯才可能越丰富。现在互联网非常发达，网络上的信息非常充足，我们可以借助互联网这个平台，来了解更多的知识。

（2）观察。反省一下自己对周围的世界是不是太漠视，对身边的一切是不是早已习以为常，从而失去了兴趣。尝试多留心、多观察，时刻保持一颗童心，世界也许会呈现出不一样的一面。

（3）思考。有了阅读和观察做基础，头脑中储存的资讯和知识也多了起来，储备、扩充知识是第一步，紧接着我们需要培养独立的思考能力。也许这个时候，离灵感的火花只有一步之遥。

（4）实践。我们常常会因为懒惰而忽略掉动手的乐趣。尝试各种绘画材料，可以把一些非常规的材料整合到一起，也可以对其改造、转化，让其可以应用到服装设计之中。

（5）讨论。扩大自己的交际圈吧，结识不同层面、不同类别的人，并且常常和他们交流自己的想法，也许会带来很多思想的碰撞和灵感的火花呢。

第三节　设计主题的确定与充实

一、设计主题的来源

设计师获得灵感后，需要对灵感进行梳理、提炼，以确定设计主题。可以说，灵感是设计主题的来源。相对于灵感而言，设计主题是灵感的升华和提升，灵感是感性材料的积累，而设计主题是理性探索的结果。当我们设计主题确立的时候，我们的心中就有了目标，就像一篇文章有了标题，之后的设计也将以此为方向进行展开（图2-5）。

可是也许有的人会面临这样的困难：不知道该提出什么样的设计主题，无从下手。如果发生这样的情况，应该马上检查自己：是不是觉得脑袋空空？是不是没有什么想要表达的？为什么造成了这种情况呢？归根结底还是因为平时没有积累、没有感受、没有思考。如果能像上一节中所提到的那样，准备好速写本，养成随时记录生活的习惯，并且能够充实和丰富自己精神世界，大量阅读文学、历史、哲学等领域的书籍，养成对美好事物、时尚潮流的敏感，那么，我们即使不从事设计，也至少能保证我们成为内心丰富、善于思考的人。

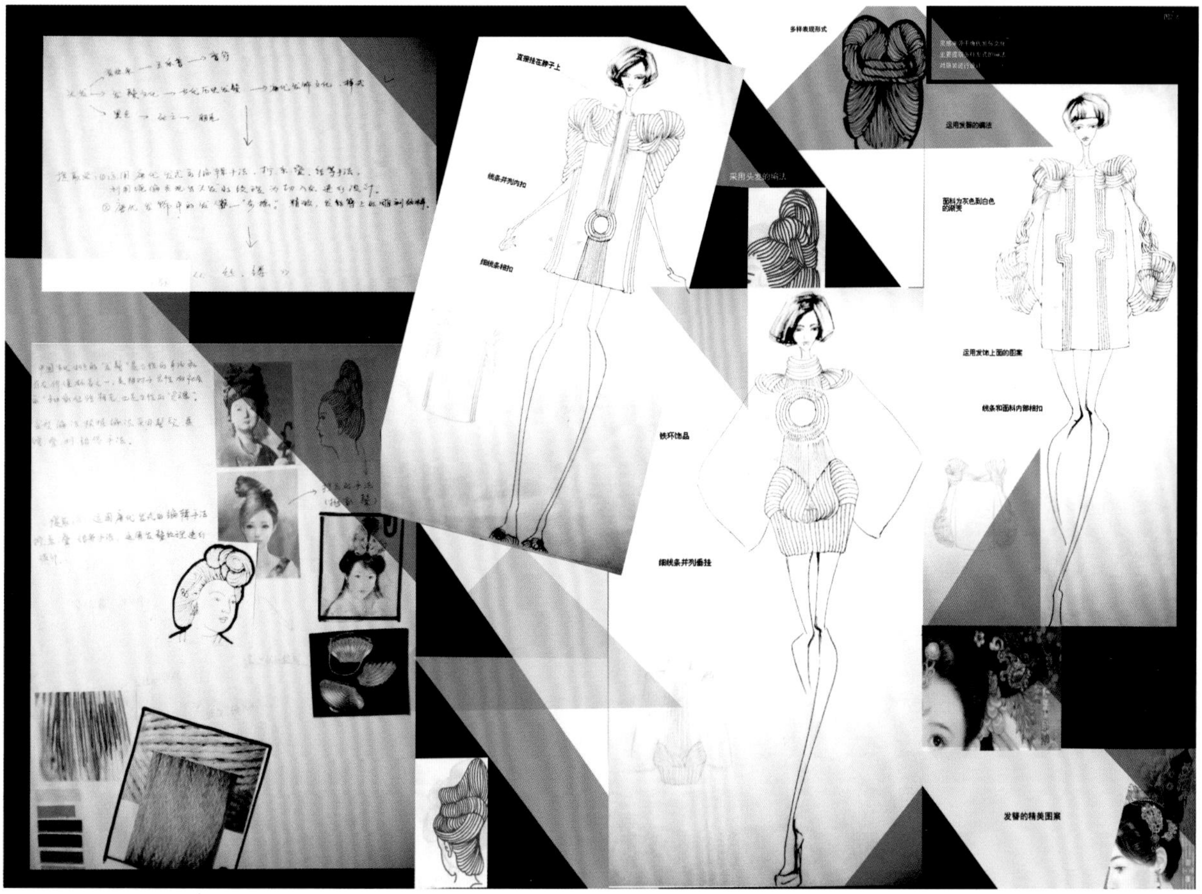

图2-5　《丝·缕》学生作品

设计主题为编织艺术，其灵感来源于中国唐朝妇女的发型，将传统的发式造型方式，如拧、系、叠、结等手法应用到服装设计之中，运用发型编织的方法组织服装材料，设计出既现代又时尚的款式。

具体说来，设计主题到底将如何获得呢？设计主题来源的范围是极其宽泛的！它可以是某个你感兴趣的物体，也可以是让你流泪的某一部电影，或者是触动你心灵的一本书籍，甚至可以抽象为你对某种事物思考之后所希望被分享的观点以及围绕它所产生的情绪等。

下面让我们简单地为设计主题获取的来源（即灵感）分类，同时配以设计案例进行说明，这样有助于我们快速地找到自己感兴趣的方向和领域，并学会如何设计应用。

1.已有的历史传统服饰类

在人类漫长的历史长河中，出现了许许多多典型的历史服饰，如从原始人类的兽皮着装到伊达拉里亚和古希腊、古罗马时期的披挂、悬垂式的丘尼卡、希顿、希玛纯及托加袍等，再到文艺复兴时期的切口服装、填充式服装及洛可可时期繁复华丽的服装，最后到新古典主义时期宁静精致的衬裙式连衣裙……已有的服饰类型和风格样式都是我们获取设计主题来源的巨大宝藏（图2-6、图2-7）。

关键款式
狐狸毛袖边的暗金色宫廷风格织锦长裙
暗粉色、金棕色纱裙
水晶装饰
蛇皮长靴

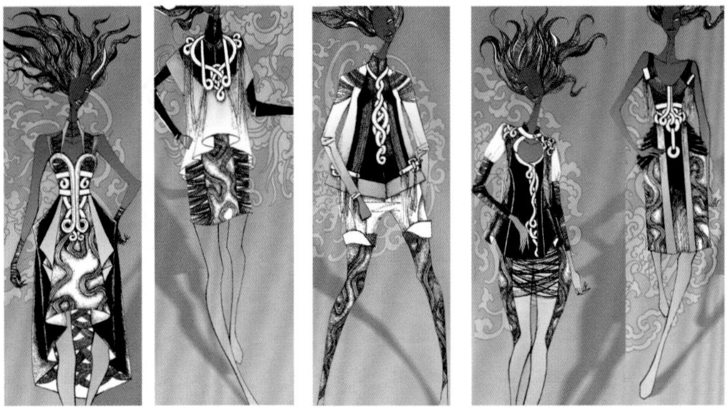

图2-6 学生作品 作者：钟扬

此系列创意服装设计以民族纹样为灵感来源，整体色调运用黑白对比，富于变化。

巴洛克玫瑰/柔情骑士 Tender Knight
关键款式
蕾丝镶边的暗纹织锦双排扣立领上衣
镂空金粉色蕾丝纱裙
粉色多层荷叶边衬裙
马术风格的白色压花及膝长靴

图2-7 学生作品 作者：钟扬

以巴洛克纹样为灵感来源，在服装设计中巧妙地运用了传统宫廷图案和当代成衣廓型。

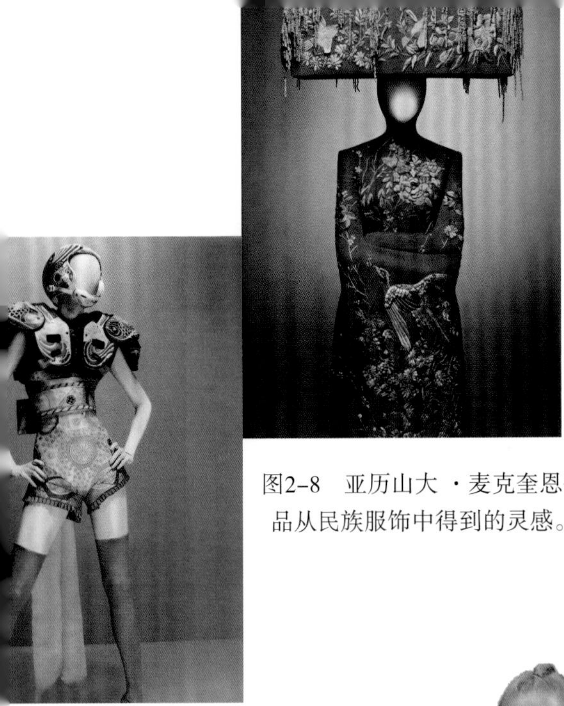

图2-8　亚历山大·麦克奎恩作品从民族服饰中得到的灵感。

图2-9　时装周作品

从东方民族服饰中获得的灵感，然后进行创作，将传统东方服饰图案进行结构重组，形成新的设计点。

不同时期、不同民族、不同风格的服装体现了不同地域、不同文化的审美意识和制作工艺。已有的传统历史服装具有较强的辨识度，也是相对稳定的服饰文化符号。我们可以从历史中获取很多的经验和素材，除了再次利用传统服饰之外，更重要的是了解其特定历史时期背后的文化背景，并在此基础上进行再创造。

很多设计师都曾对传统服饰进行借鉴和再利用，并创作了大量精彩的设计，比如约翰·加里亚诺（John Galliano）、亚历山大·麦克奎恩等设计师，在他们的作品中常常出现传统服饰的影子（图 2–8、图 2–9）。甚至比利时安特卫普时装学院对二年级学生布置了一项重要课题，即要求学生在历史中寻找设计元素进行再创作（图 2–10）。

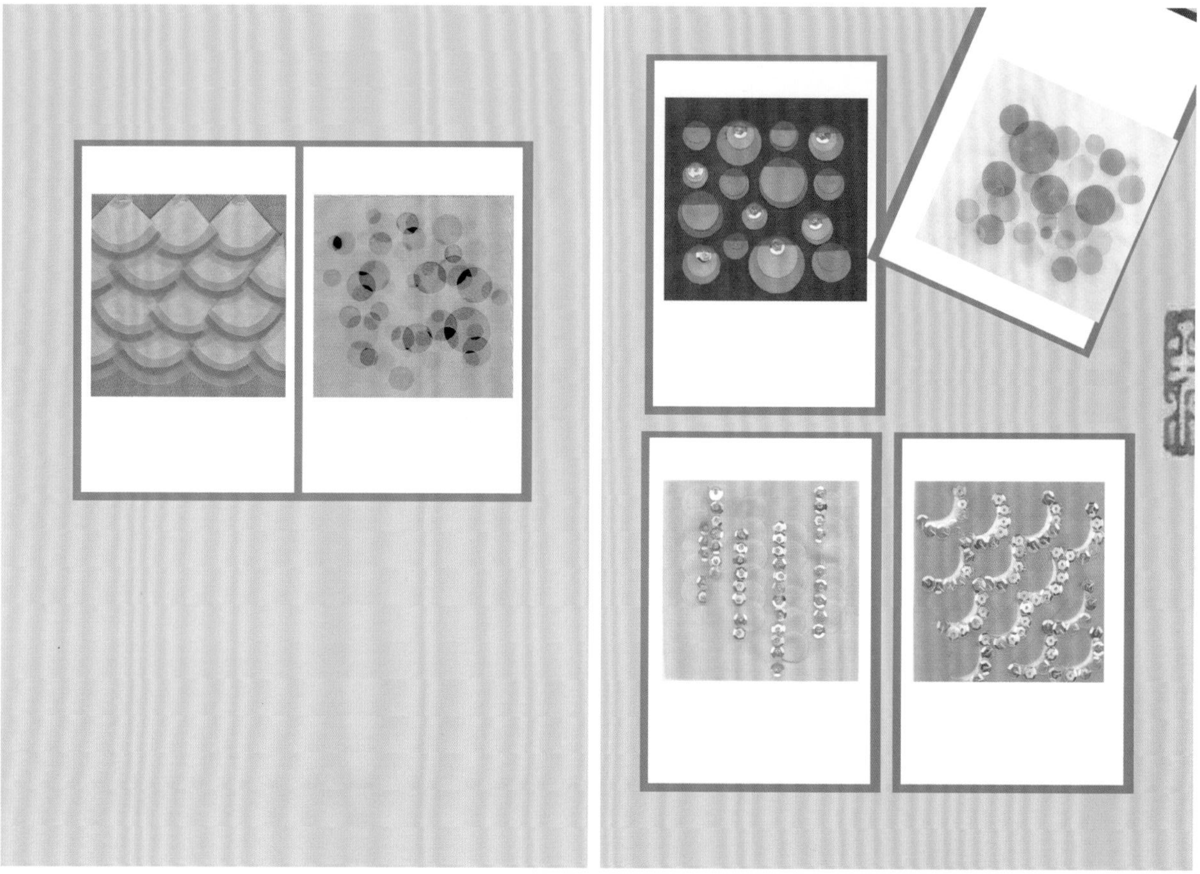

图2-10 《和·圆》 作者：韩兰

从传统文化中寻找灵感的创意服装设计，设计主题为和·圆，灵感来源于中国古建筑的装饰性几何图案，采用中国传统的绢为主要面料，利用材料本身的特性，如色彩沉着、轻盈、易折叠、不毛边等，通过透叠、剪切、镂空、染色等处理手法，以圆形为基本形进形重复和重组，营造丰富、干净、轮廓清晰硬朗的视觉效果，形成规范有序的强烈形式感。设计力求呈现中国传统的精神内涵，在视觉上追求装饰性和立体感。

2.自然类

中国传统的释儒道哲学思想从来都强调人与自然的和谐相处，所有自然界中的物体，无论微观到一草一木还是宏观如高山流水，都是自然界的杰作，都有其独特的形态。每一自然物的造型、色彩、质感、肌理都是我们可以借鉴、联想、转化和应用的。我们所需要的就是保持一颗敏感的内心和善于发现的眼睛（图 2-11~ 图 2-13）。

图2-11　《仙鹤》　作者：韩兰

设计灵感来源于和服，以仿生学的设计角度进行创作的服装设计。

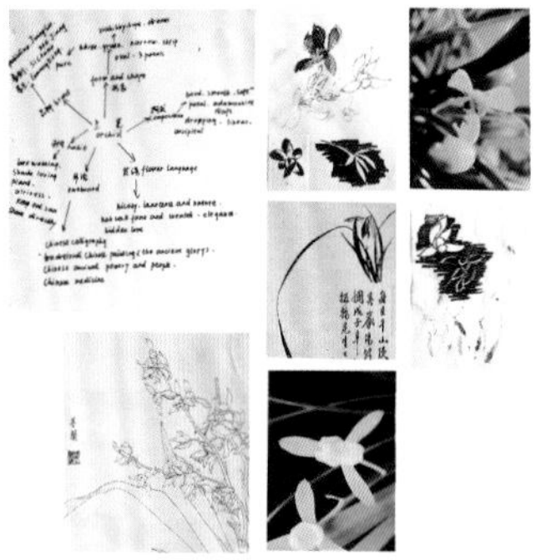

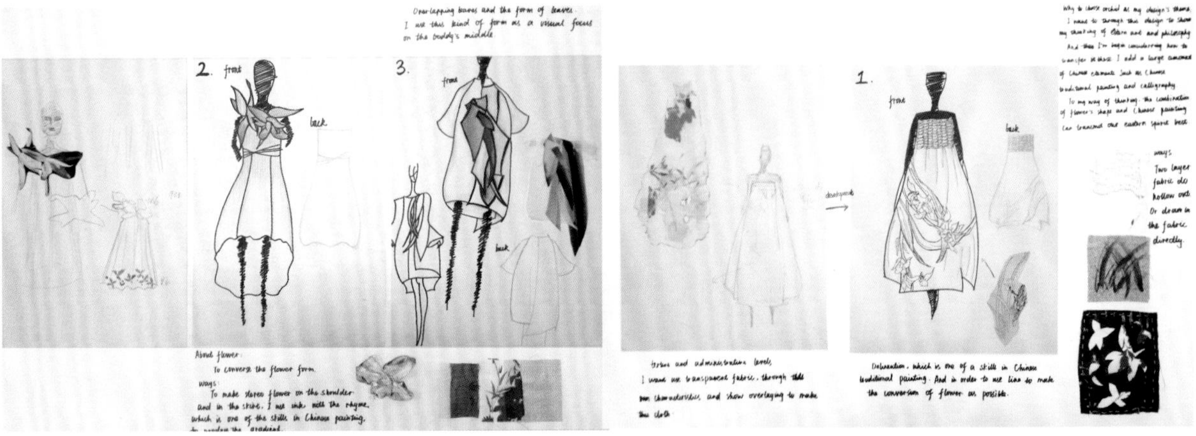

图2-12　《兰花》　作者：毛诗序

以自然界为灵感来源的创意服装设计，充分模拟花朵的形态，对服装的外轮廓和细节进行处理。

VINE
out shape is symmetrical
details are asymmetrical
pine tree shape

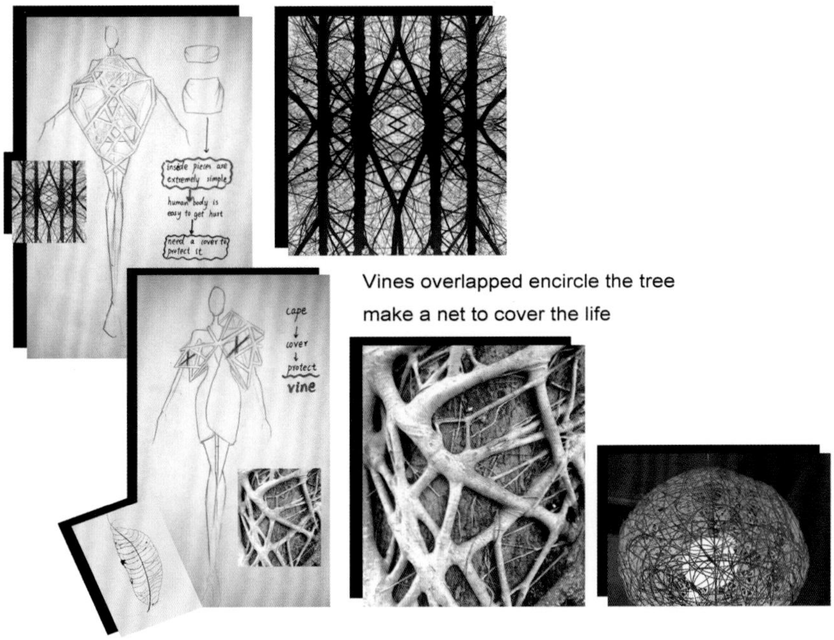
Vines overlapped encircle the tree
make a net to cover the life

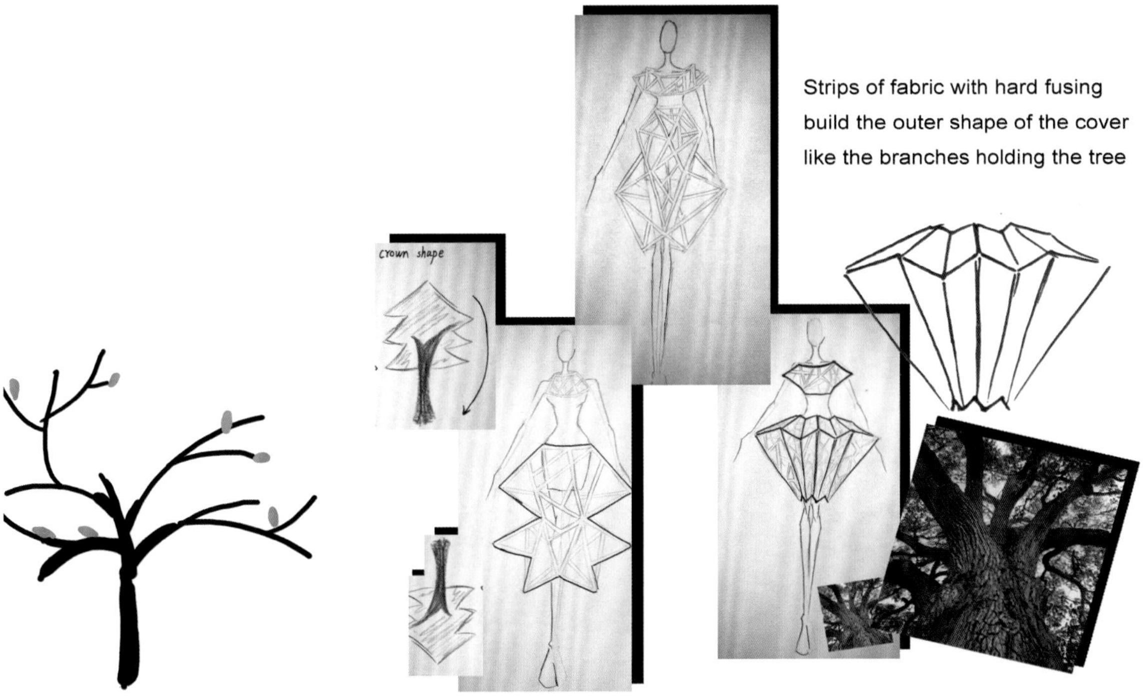
Strips of fabric with hard fusing
build the outer shape of the cover
like the branches holding the tree

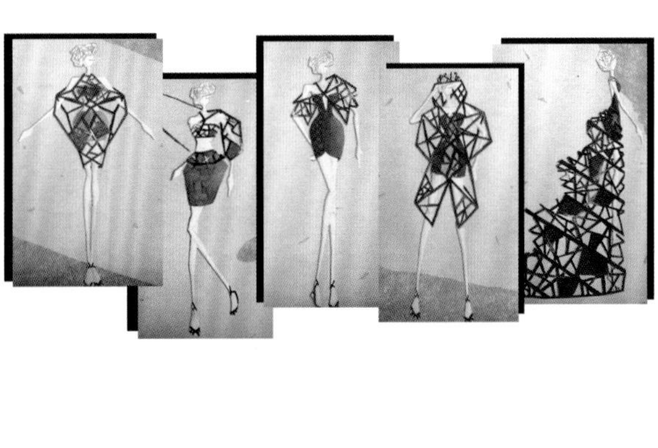

图2-13 *VINE* 作者：廖如涵

灵感来源于植物根茎盘根交错的形式，设计师将这样的形式转化为服装造型和内部构造。

3.社会日常生活类

社会、生活中的点点滴滴，都可能成为我们设计主题的来源。我们可以从三个方面思考：

（1）生活中的人造物品。可以是一杯清茶，也可以是一张绣片，甚至可以是电路板或一份围棋棋谱。总之，它是你感兴趣的物品。

（2）日常生活中的活动或者感悟。看过一场精彩的电影，或阅读一本好书，从而带来的心灵悸动和思考；通过一次旅行了解异国他乡的文化；了解宗教对人生宇宙的终极思考……经历这些活动和思考，让我们积累了人生经验，更重要的是你急切地想分享你的体验，这时通过设计的方法，就可以水到渠成地完成你的表达。

（3）重大社会性事件。之前的两项论述都基于个体经验，这里要讨论的是群体性事件对服饰文化的影响以及它们还可以作为现在设计主题的来源。比如奥运会带来了运动风潮；世界杯促使普通人也穿着了球衣；解放初期全中国人民的服装高度统一化，从而形成了独特的潮流；欧洲颁布的禁烟令让设计师设计出相关服装以示抗议（图 2-14~ 图 2-16）。

图2-14　钟扬、赵怡洁设计作品（1）

如上述设计主题，设计师的设计概念来源于20世纪60年代，将文革时典型的图案和符号应用到设计中，通过强烈的色彩对比和多层次的搭配，表达对这一历史时期的看法。

图2-15　钟扬、赵怡洁设计作品（2）

图2-16 学生作品

从社会文化中得到设计灵感，以数码印花的手法进行符号式的图像转化。

4.科技类

科技的发展为我们日常生活的创作提供了很好的素材，并且它对我们的生活产生了巨大的影响，所以单独将它划分为一个类别进行说明。

随着工业革命的发展和完成，科技给人类世界带来了革命性的改变，也影响了艺术和服饰风尚。比如20世纪初的机械美学代表迪考艺术（Art Deco）以及60年代在服装界兴起的模仿阿波罗宇航员着装的未来主义风格等。现在，很多服装作品中都能看到科技因素（图2-17），科技应用到服装设计中一般通过三个途径：

（1）用科技手段拓展服装设计的外延。比如英国服装设计师侯赛因·查拉扬（Hussein Chalayan）曾在一场时装秀中在服装里面安装电路板，让服装自己产生变化；日本设计师山本耀司（Issey Miyake）在东京美术馆举办的 *For The People* 时装展中让服装悬挂空中跳跃不止。

（2）运用高科技的新型面料。这是科技在服装材料上最直观的体现，科技的发展为设计师提供了广阔的空间，尤其是各种充满想象力的新材料，如有味道的、能发光的、能调节体温的、能根据温度变换色彩的，等等。

图2-17　3D打印服装

设计师艾里斯·范·荷本（Iris Van Herpen）采用最新3D打印技术创造的服装。

（3）通过服装表达对未来的想象（图 2-18~图 2-20）。这一类设计通常具有很强的设计感，带有强烈的未来主义倾向。比如 20 世纪 60 年代著名的未来主义大师安德烈·库热雷（André Courrèges）所设计的具有金属质感的简洁服装以及让他极富盛名的《月球女孩》（*moon girl*）系列服装，这些都是极具前瞻性的未来主义作品。

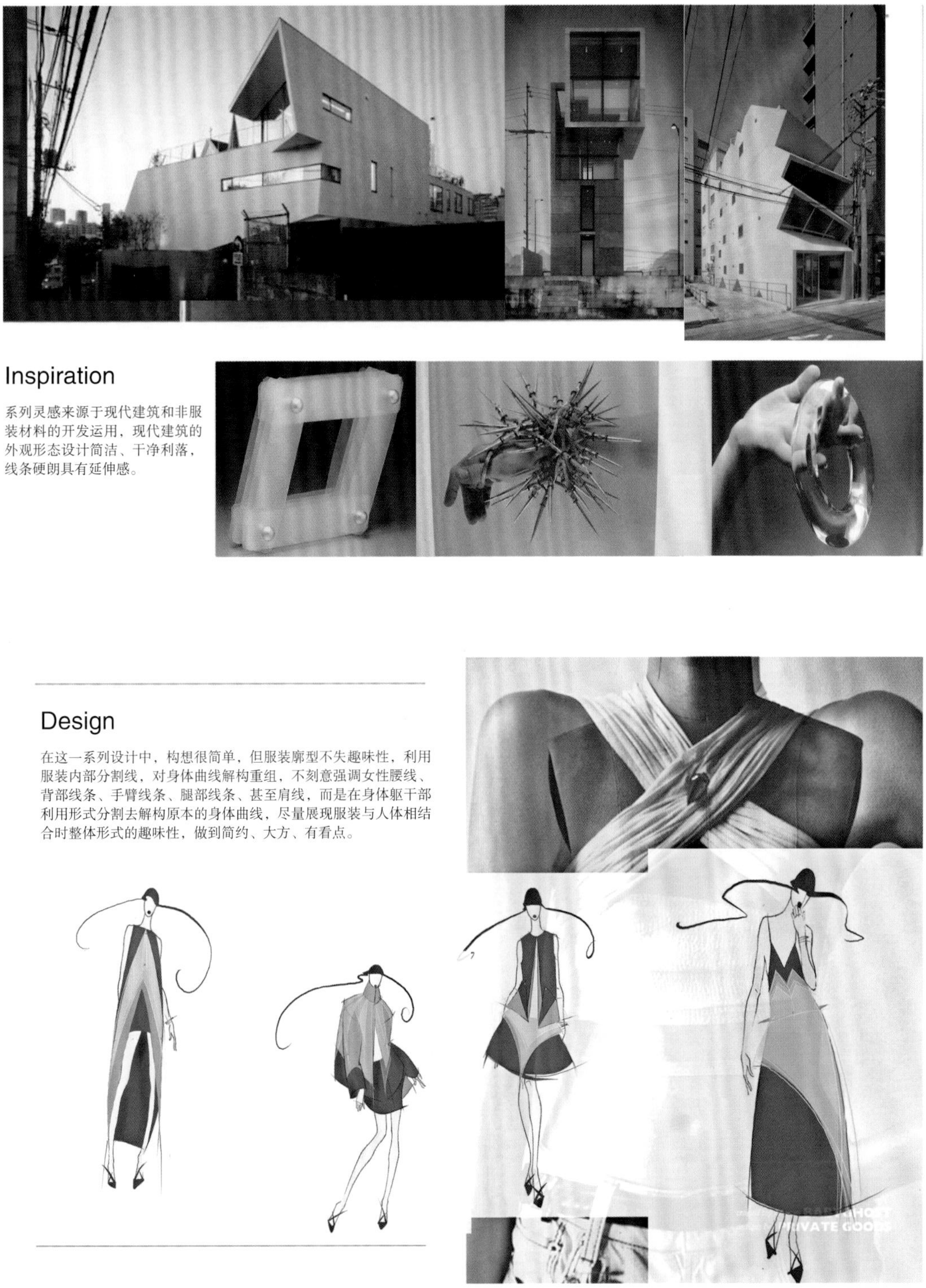

Inspiration
系列灵感来源于现代建筑和非服装材料的开发运用，现代建筑的外观形态设计简洁、干净利落，线条硬朗具有延伸感。
Design
在这一系列设计中，构想很简单，但服装廓型不失趣味性，利用服装内部分割线，对身体曲线解构重组，不刻意强调女性腰线、背部线条、手臂线条、腿部线条、甚至肩线，而是在身体躯干部利用形式分割去解构原本的身体曲线，尽量展现服装与人体相结合时整体形式的趣味性，做到简约、大方、有看点。

图2-18　*X*作品（1）——灵感　作者：彭景

具有未来感和科技感的作品，前期灵感来源于收集的资料图片以及设计初稿。

图2-19　X作品（2）——服装实物呈现
作者：彭景

具有未来感和科技感的作品，服装实物呈现出较好的视觉效果。

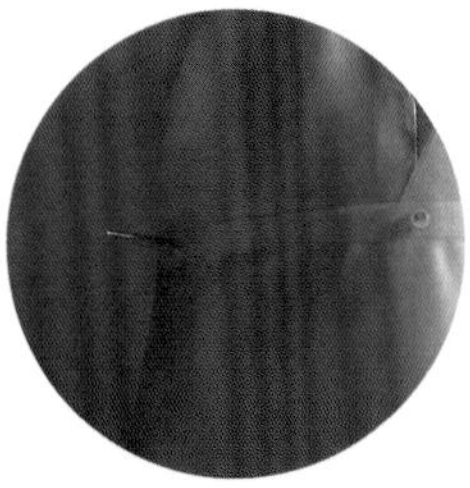

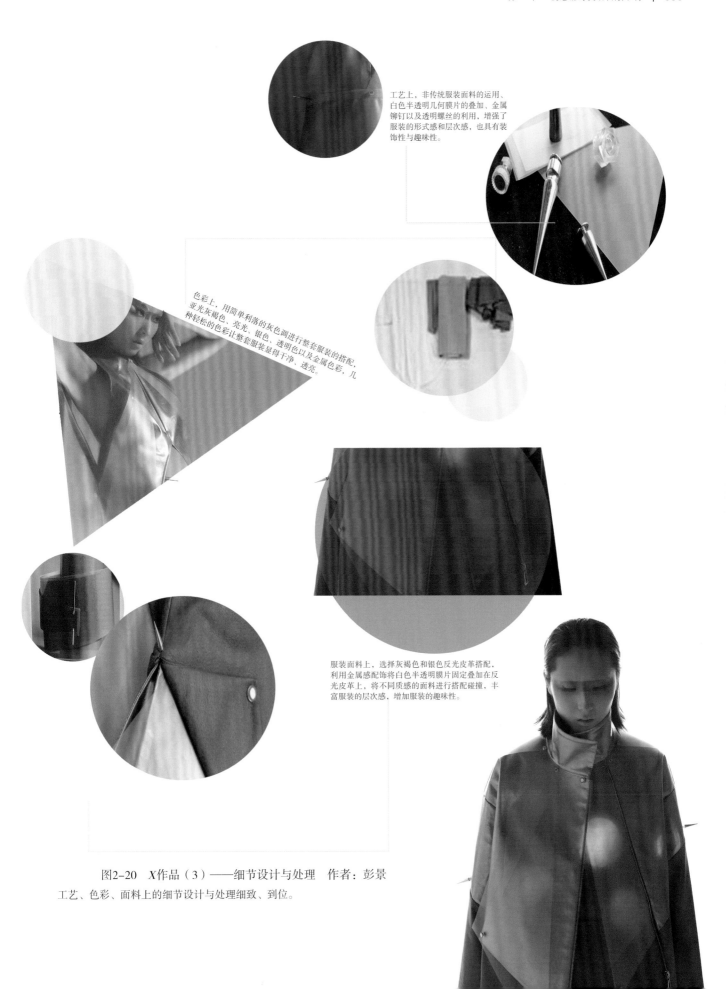

工艺上，非传统服装面料的运用、白色半透明几何膜片的叠加、金属铆钉以及透明螺丝的利用，增强了服装的形式感和层次感，也具有装饰性与趣味性。

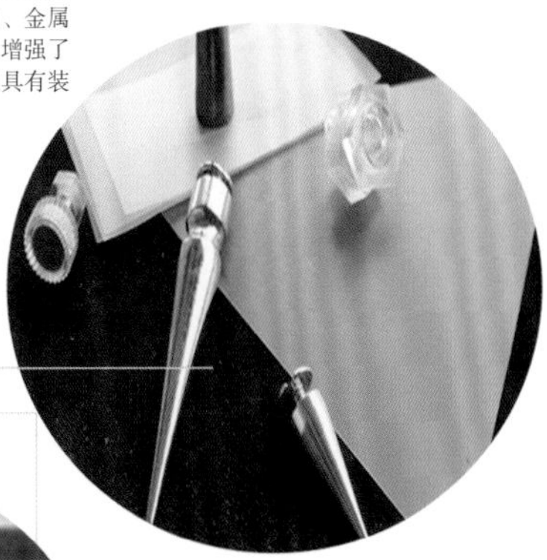

色彩上，用简单利落的灰色调进行整套服装的搭配，亚光灰褐色、亮光、银色、透明色以及金属色彩，几种轻松的色彩让整套服装显得干净、透亮。

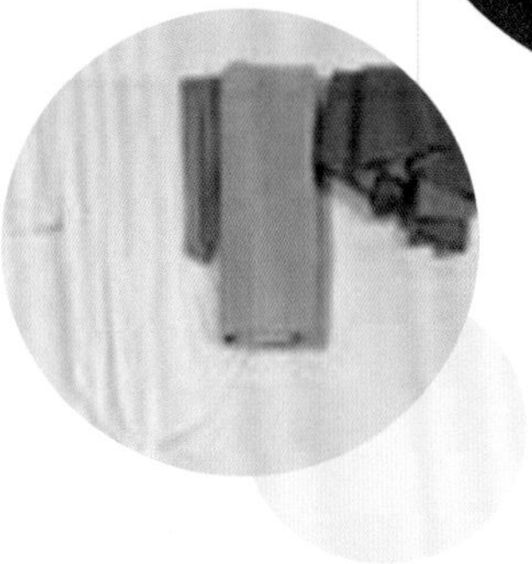

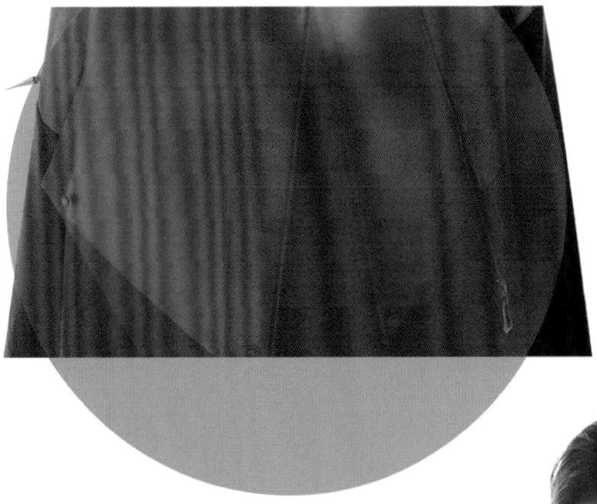

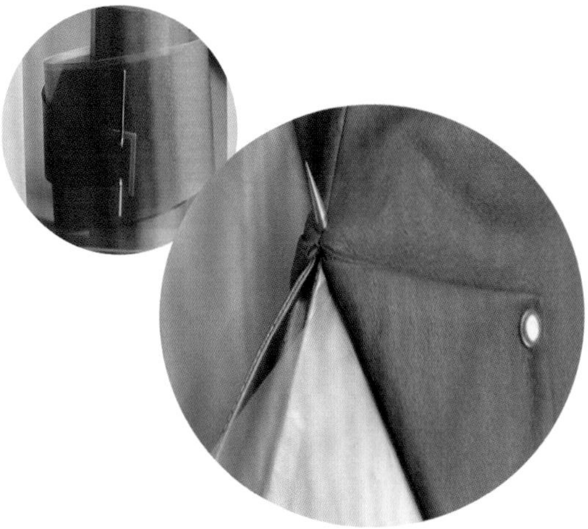

服装面料上，选择灰褐色和银色反光皮革搭配，利用金属感配饰将白色半透明膜片固定叠加在反光皮革上，将不同质感的面料进行搭配碰撞，丰富服装的层次感，增加服装的趣味性。

图2-20　*X*作品（3）——细节设计与处理　作者：彭景

工艺、色彩、面料上的细节设计与处理细致、到位。

5.其他艺术、设计门类

艺术、设计的门类很多，比如艺术门类有传统架上艺术、当代的观念艺术、装置艺术、行为艺术、新媒体艺术等；设计门类有建筑设计、环境艺术设计、产品设计等。了解其他艺术及设计门类将会给我们带来更多的灵感，甚至可以将其艺术形式应用到服装设计中。尽量丰富自己的艺术视野，将相关信息储存到脑海中，也许有一天在做设计的时候灵光就会乍现（图 2-21~ 图 2-28）。

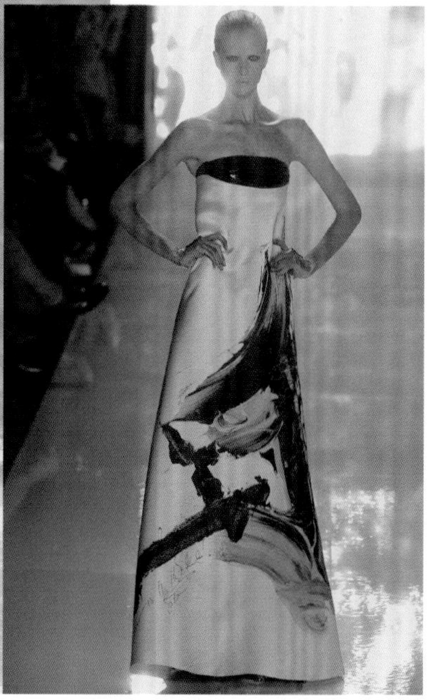

图2-21　伦敦时装周品牌服装设计从架上艺术中得到的设计灵感

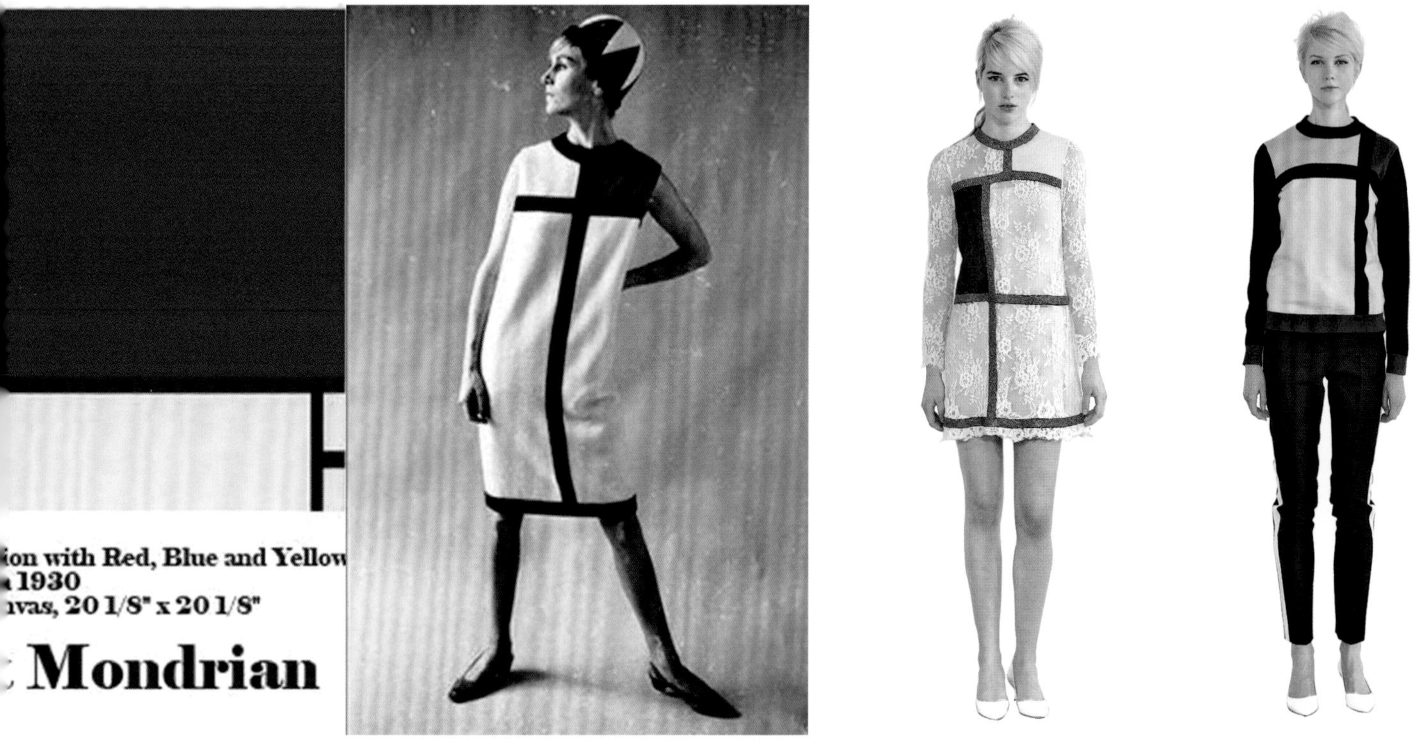

图2-22　伦敦时装周品牌Huishan Zhang 从蒙德里安的冷抽象作品中获得灵感

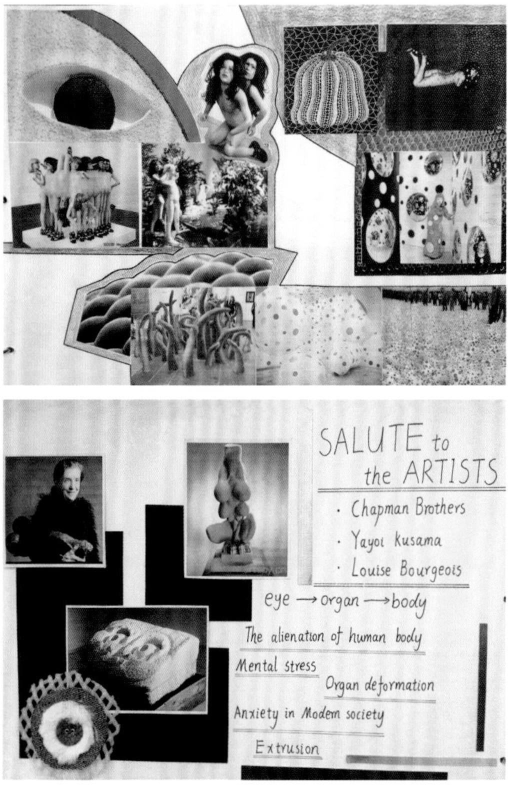

图2-23　《眼睛》灵感　作者：廖如涵

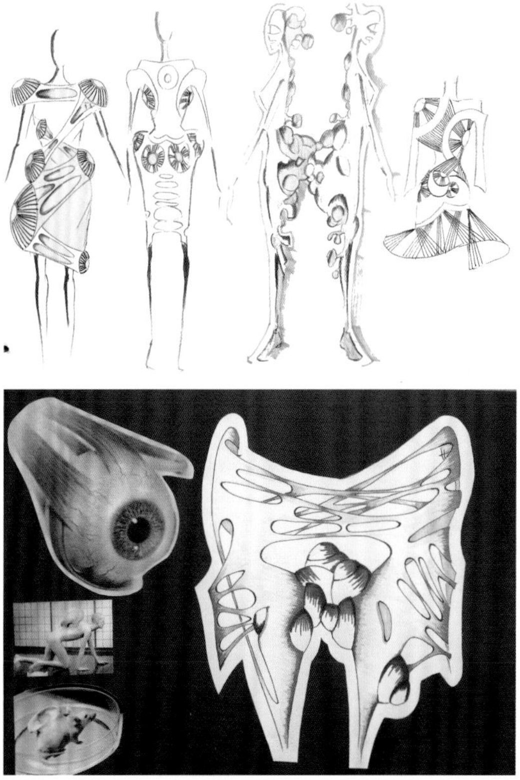

图2-24　《眼睛》草稿（1）　作者：廖如涵

从当代艺术作品中搜集与主题相关的作品作为设计灵感，重复眼睛这一人体器官作为设计形式的来源。

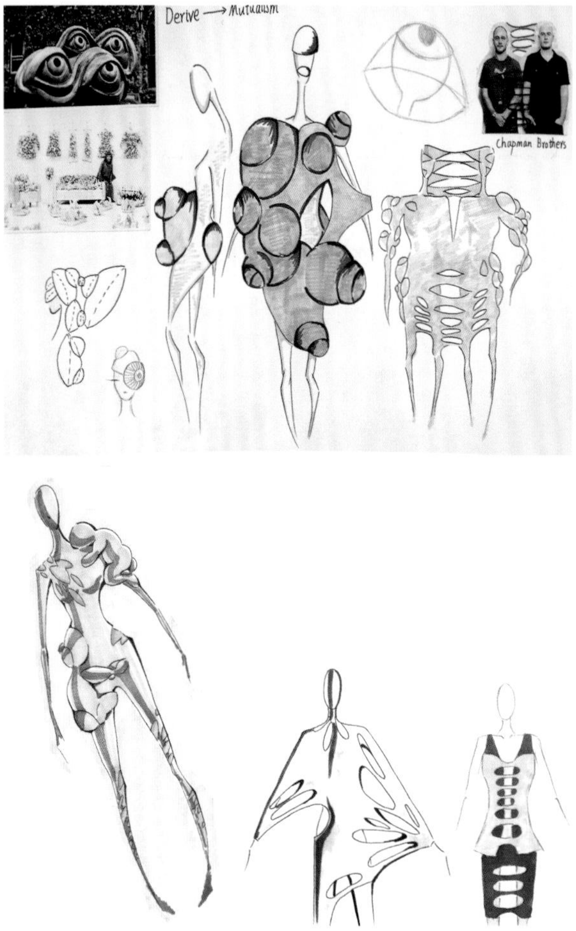

图2-25 《眼睛》草稿（2） 作者：廖如涵

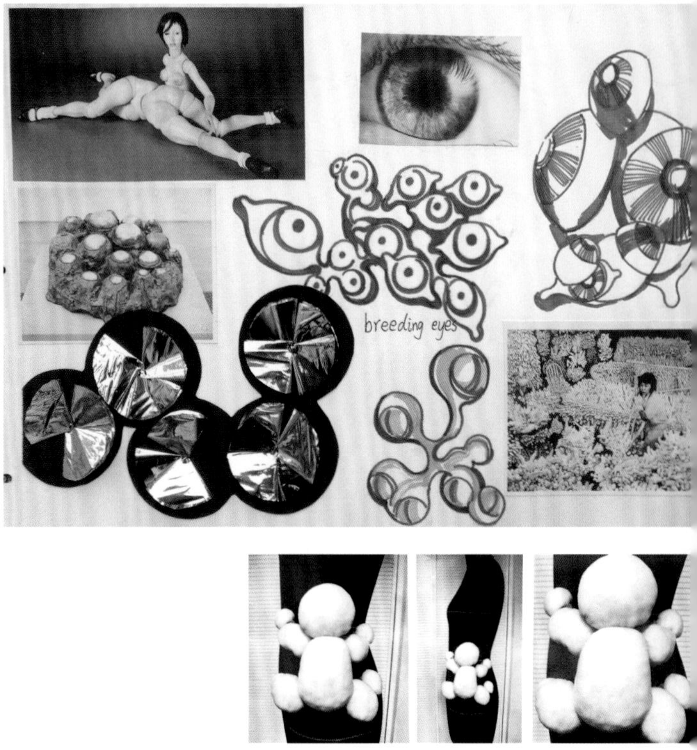

图2-26 《眼睛》草稿（3） 作者：廖如涵

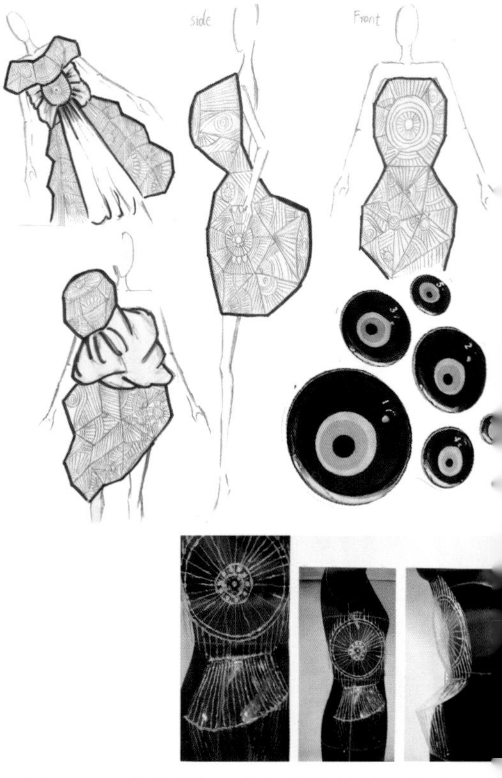

图2-28 《眼睛》工艺细节和材料的尝试 作者：廖如涵

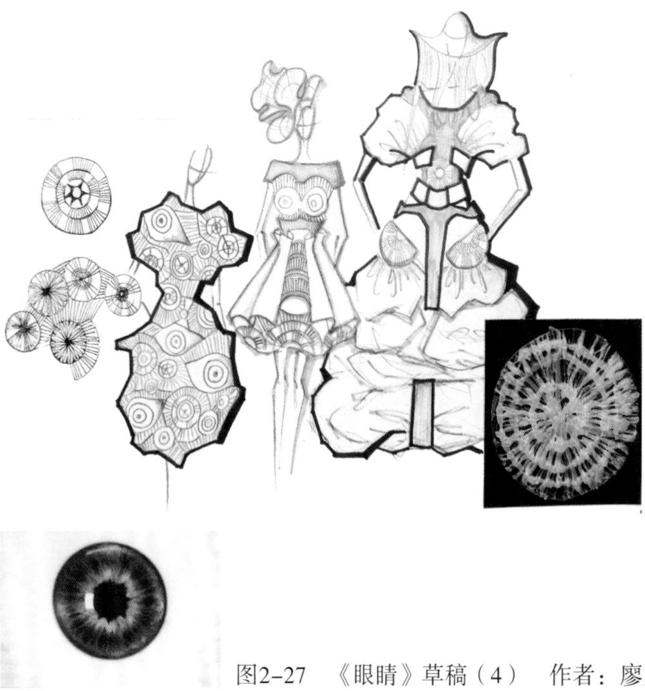

图2-27 《眼睛》草稿（4） 作者：廖如涵

二、设计主题的确立

当我们确立了自己感兴趣的领域，并且积累了相关的灵感材料之后，我们可以用一些关键词来描述我们心中的感受。比如看见森林被砍伐、动物被屠杀，可能会想到这样的关键词：保护、和谐、平衡等；看见战争的场景或图片，可能会这样描述：殇、血腥、亡、消失等。

我们可以根据这些关键词，再结合想表达的情绪，形成我们的设计主题。这个时候，设计就正式开始启动了。

接下来，我们通过两个设计案例来了解如何确立设计主题并开展设计活动。

1.设计主题——《毕兹卡·家谱》

“毕兹卡”是土家族语中对“自己”的称呼。作品的设计灵感来源于作者对中国传统的社会家庭构架以及自我和家族群体之间关系的思考。图 2-29~ 图 2-36 是作者家族中不同人物的设计造型。

《毕兹卡 · 家谱》系列有意思的是作者并不是直接为家族成员量身制作服装，而是把服装设计作为切入点，通过服装表达对每一个家庭成员的看法及私人情感，所以在对“父亲”的解读上，他甚至选择的是裙装（图 2-32）。这是非常个人化的情感体验，是他对自己的父亲的理解。

邯郸四国寨
毕兹卡·家谱
『毕兹卡』是土家族人对自己的称呼，
意为『自己人、自己』。因此，『毕兹
卡』既是问题本身，
也是答案所在。从过往与今朝之间，
到那一群土家族人
与我之间，以及民族传统服饰与今天
的着装潮流之间，
都有着不可分割却已然日渐断裂某种
关系，这问题就是
自这层关系中产生，是一个关于自我
的身份定向的问题。
是关于『毕兹卡』的问题。

图2-29　《毕兹卡·家谱》　作者：罗靖

设计主题确立以后，可以通过一段文字描述来梳理设计思路，阐述主题，引导出设计的情感和基调。

图2-30 《毕兹卡·家谱》之祖父：荣寿

图2-31 《毕兹卡·家谱》之祖母：桂珍

图2-32 《毕兹卡·家谱》之父亲：福华

图2-33 《毕兹卡·家谱》之母亲：素娥

图2-34　《毕兹卡·家谱》之儿子：靖

图2-36　《毕兹卡·家谱》之侄女：娅

图2-35　《毕兹卡·家谱》之女儿：烟凌

下面是设计师罗靖对自己作品的主题阐述，以此可以了解其设计思路。

人总是愿意追求某种“意义”，而我的“意义”，终来自我的家庭，家往往是一个宏大的概念，上溯千年，便是一张巨大的网，罩着我的根源。民族的特性常常被提起，不容忽视，而小人物也渴望被关注，但同时充满了巨大的困惑，土家族的身份和家庭记忆自然就成为我首先选择要表达和纳入设计之中的要素。于是，带着强烈的自我意识，希望建造一个区别于现在采用单一元素重复设计的方式，以普通的家庭角色作为设计思考的基点，开始对自我的拷问。

自我应该是什么样子？除去我所能见到的各种形容的词句，在这个眼花缭乱的都市里，不知道你是否会想起或是偶然注意到那些在都市外面，离城市不远，来自大山，又害怕回去的年轻人。他们都有爱也渴望被爱。但关于爱的内容、性质以及他们的成长经历，好像永远都无法和其他的家庭比较，所有我能感受的关于他们青春的形容，似乎只有尴尬。他们在尴尬中摸索、坚持，不甘与落寞、厌恶和软弱、渴求与迟疑，种种性格于心理并存交织。

但所有这些似乎都蕴藏着某种看不见的力量，这力量生来罩着一层蓝色光环，难以被察觉，被体现。这力量超乎想象，直击生命里可以映射“我”的任何时段，这就是“毕兹卡”，这就是“家谱”。

然后，以家为着眼点，奠定了我这次设计的基调。

细细地追寻关于“毕兹卡”的述说，品味“家谱”里的故事，梳理对亲人的情感，神秘、端庄、坚强、慈祥、青春……

之所以选择“毕兹卡”这个土家族人对自己的称呼作为主体，从“家谱”这样一个传统家族谱系中取材，以我自己的家庭成员作为服装设计的灵感，其实就是想尽可能地去探究关于自我认知而提出的问题的答案。落实到服装款式上的时候，“毕兹卡”体现在土家族人的着装形制中，如人字路、百衲衣、八幅罗裙、露水衣、蜈蚣扣、羊角巾、短襟大袖……这些土家服饰符号都是设计上参考的元素，这是我赋予所设计的服装的第一个身份——衣服。

同时，“毕兹卡”又代表了一个群体，一个与我本人密切相关的土家族群体，一个在我童年时期都还处于原始农耕生活状态的渝东南山区村落，我对其具有一种特殊的情感，自然会将其纳入设计中。家族辈分关系是我非常感兴趣的，因此我赋予所设计的服装的第二个身份——族系关系。由于族系关系过于复杂，且“年久失修”时，设计的时候不可能尽数详查，所以本次设计中，只选取了其中与我关系比较密切的女儿（烟凌）、母亲（素娥）、父亲（福华）、祖母（贵珍）、祖父（荣寿）、儿子（靖）还有侄女（娅）这几个个体，以求最大限度地接近真实。

在当代社会中，少数民族常常带着异域、神秘色彩的标签，“毕兹卡”与所谓的城市人之间有着一层距离，这距离既是包括其他民族在内的所有少数民族与当代城市人之间的距离，同时也是我与我周围的他者之间的距离，本次设计在寻求服装身份的时候，也在我与服装之间，求证“我”的身份，这便是我赋予服装的最后一个身份——不明对象（人事、人、物事、物）与人（个人、人群）的关系。

——设计师：罗靖

2.设计主题——*BUG·DLE*

这个系列的设计来源于设计师看过的一部20世纪60年代的电影短片。在片中，男主角重复拍打一只苍蝇，时间好似进入了无限的循环。上图为他的设计主题图中的一页。他用图像简要地向我们叙述了这部电影。在接下来的设计中，他从对电影的理解出发进行设计（图2–37、图2–38）。

图2–37 *BUG·DLE*（1） 作者：吴亚坤

设计主题的确定来源于一部电影短片，设计师在设计前期做了与短片有关的大量资料搜集和思路清理的工作。

图2-38 *BUG·DLE*（2） 作者：吴亚坤

作者的设计主题为*BUG•DLE*，来源于一部电影，在进行一系列的调研和相关资料收集后，作者从电影中抽取了一些自己感兴趣的元素，内容涉及时间、轨迹和20世纪20年代的电影明星等。这也是他在观看电影之后自己内心沉淀下来的内容，希望与他人共享。然后，作者以此进行主题的解读。

三、文化调研的重要性

很多人都有这样的误区，认为等设计主题确立之后，马上要做的就是拿着纸和笔，一边想一边画设计图了，其实不然。如果在这个阶段就开始设计服装，那么我们所利用的也不过是以前残留在头脑中的些许印象和片断，这样草率的设计很难优秀。所以我们需要在画设计图纸之前做很多的事。

当我们确立设计主题之后，紧跟着要做的事不是马上画图纸，而是应该进行文化调研（research），这是非常重要的程序。通过文化调研，我们可以真正深入地了解设计主题的相关领域，扩充背景知识，在了解的基础上进行更深层次的思考。而这些，都是设计的准备和前提。

如何进行文化调研呢？我们可以粗略地把调研分成两个阶段：在第一阶段的调研中，我们可以直接解读设计主题，找到设计主题的相关图片资料；在第二阶段的调研中，我们可以更进一步地去拓展设计主题，可以找与主题类似的意向图、其他的设计师已经做过的类似设计，或者其他艺术家用类似主题做过的其他艺术作品等。这将有助于我们深入了解主题，还能参照已有的案例，或借鉴其他作品中的材料或形式。

图 2-39 作品的设计主题是《蝴蝶》（*BUTE ERFLY*）。在设计的开始，首先确立好主题，然后进行文化调研，收集相关资料。第一次调研的内容是蝴蝶本身的图片资料，如不同时期的形态，并且在图片收集的过程中了解与蝴蝶相关的内容，诸如种类、发育过程、习性等。

图2-39　《蝴蝶》系列第一次文化调研　作者：吴霖菲

图2-40　《蝴蝶》系列第二次文化调研（1）
作者：吴林霏

在这个过程中，这些图片和资料能给我们带来启发，也让我们获得很多新的知识。

接着作者进行了第二次调研，找到更多相关资料和图片（图 2-40、图 2-41）。图中的调研内容有英国国宝级艺术家达明安·赫斯特（Damien Hirst）早期用蝴蝶做的装置作品，教堂玻璃彩绘，中国蝴蝶图案的传统剪纸，蝴蝶镂空面具，与蝴蝶相关的产品设计等。

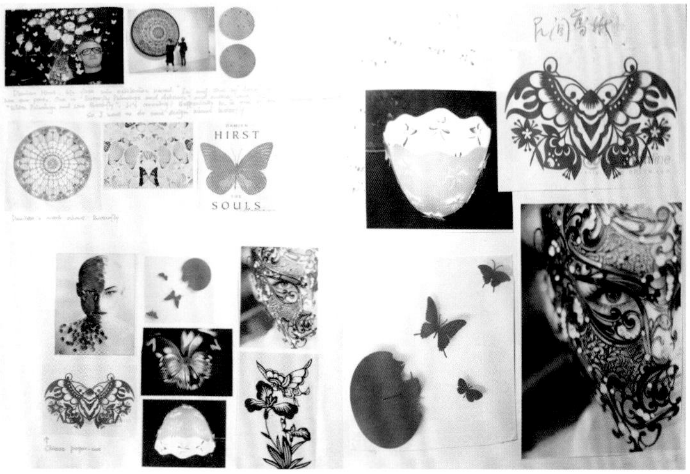

图2-41 《蝴蝶》系列第二次文化调研（2）
作者：吴林霏

图2-42 《蝴蝶》系列（1） 作者：吴林霏
设计师在设计的中间环节尝试通过剪贴的方式进行初步的设计。

图2-43《蝴蝶》系列（2） 作者：吴林霏
在进行前期的调研之后，应从已有的调研资料中提炼设计元素，以此作为下一步设计的原材料。

在图片收集的过程中，也可以同步考虑材料。利用图片或材料做些基础的剪贴是非常有趣的事情，在这个过程中，我们既可以实践某些肌理效果，也可以尝试着安排图形的位置，还可以充分利用人体四周的空间营造造型，在这个过程中，很多款式就已经呼之欲出了（图 2-42~ 图 2-44）。

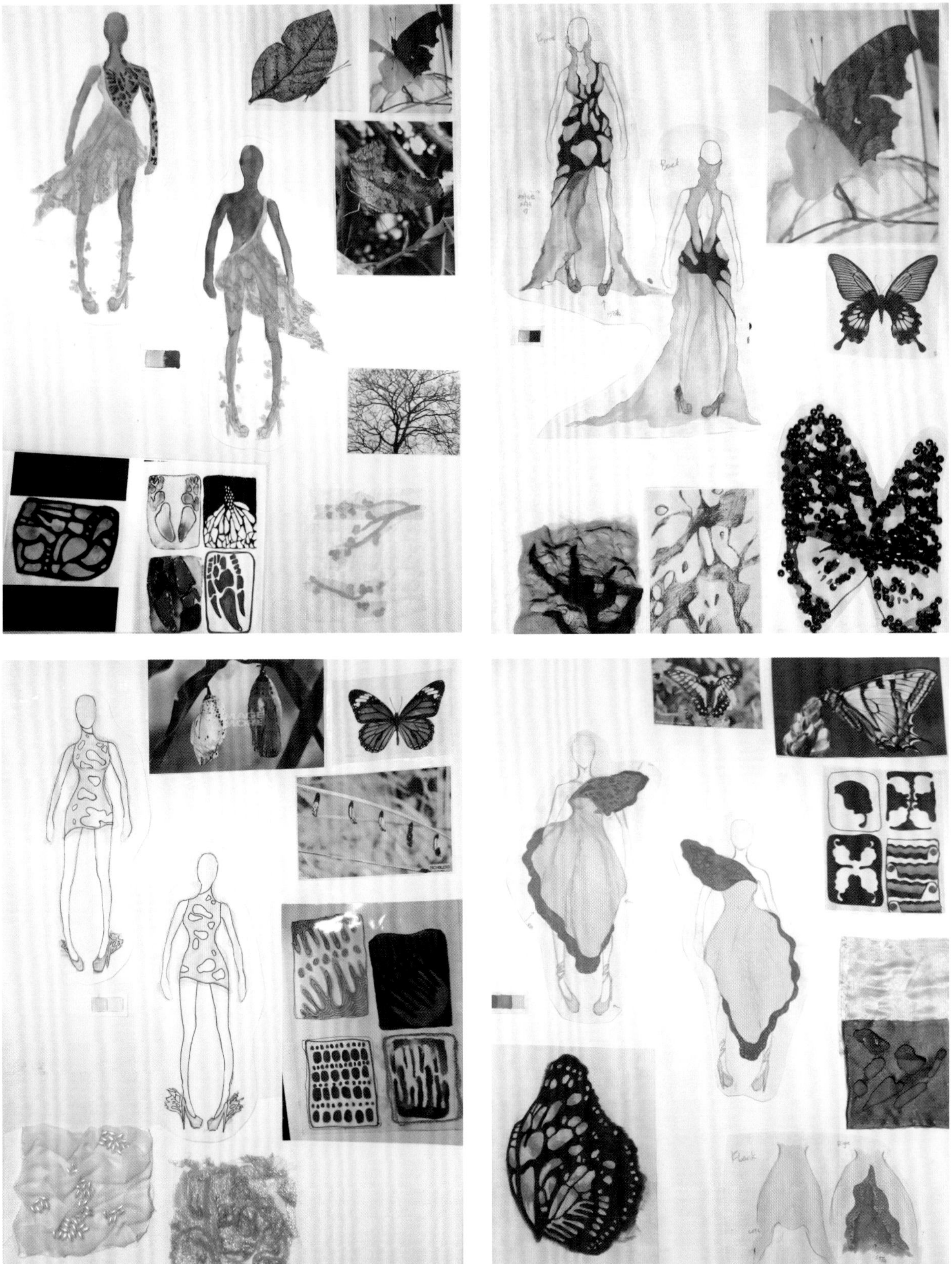

图2-44　《蝴蝶》系列设计正稿展示　作者：吴林霏

四、制作主题板

前期调研的重要性在于设计之前对主题进行深度的了解和横向的发展，以此获得更多受启发的渠道，从大量的图片文字中逐渐筛选、清理出某些线索和思路，对于设计师的工作来说，也是一个收集资料、了解背景知识和梳理思路的过程——这个过程非常重要，是一个厚积薄发的过程。

对于筛选和思索的结果，用拼贴的方式制作出主题板是最直观的展示方式，它既是设计者对思考与体会的梳理和总结，也给观众作了直观的展示。

主题板的制作并没有固定的模式和规范，设计者应从内心出发，追求美、创造美，摆脱束缚和羁绊，体现设计师的想法和创意。不过它也并非完全的漫无目的，在制作过程中，有些部分是可以考虑的，比如：情绪的表达、设计气氛的烘托、色彩的来源、材质或廓型的参考等。

优秀的主题板像桥梁，可以顺利导入设计之中。如图 2-45~ 图 2-49 所示。

图2-45 《原》制作主题板（1） 作者：毋文婷

设计主题板制作包含情绪基调、参考廓型和工艺细节等。

图2-46　《原》制作主题板（2）　作者：毋文婷

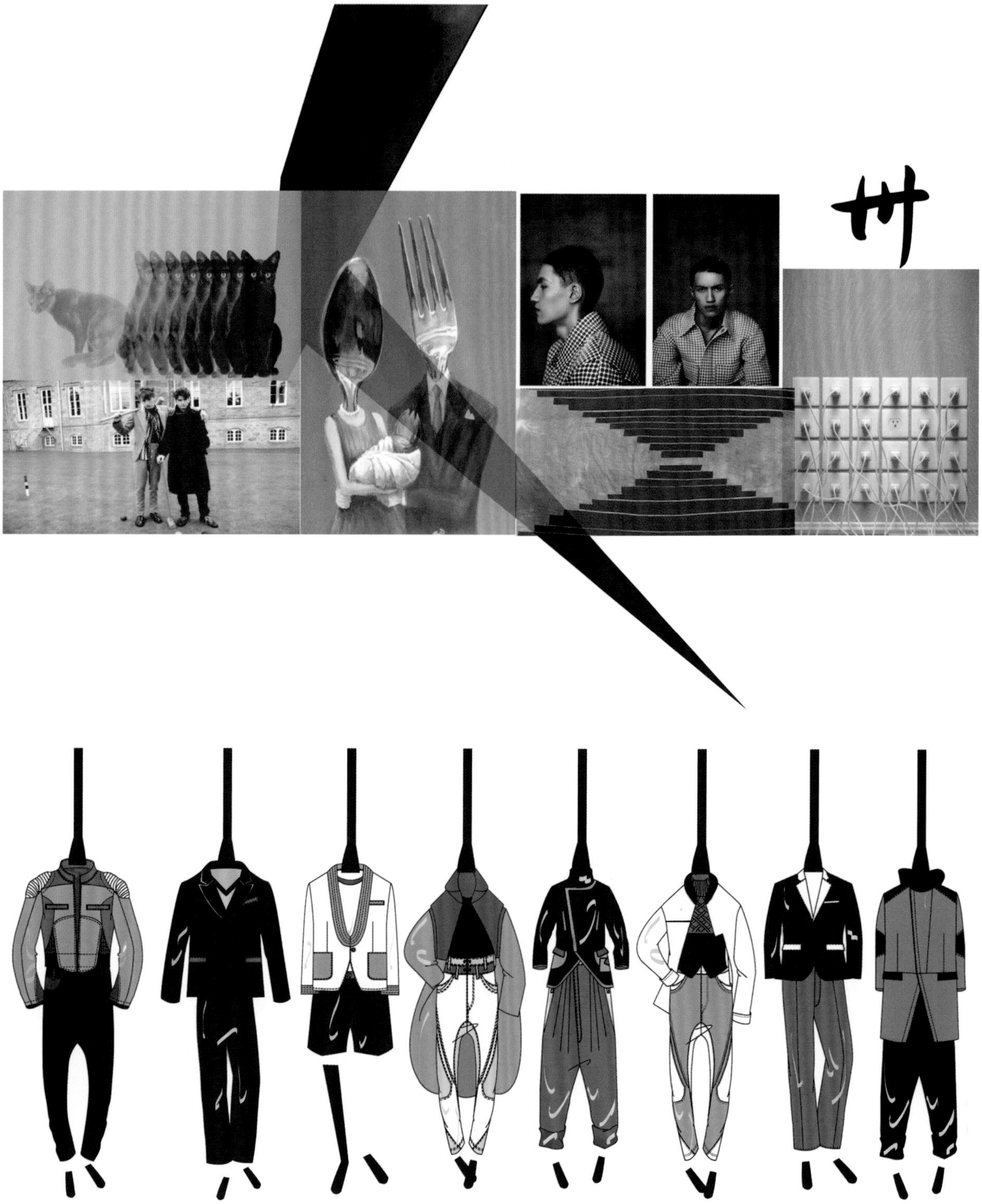

图2-47 《男装设计》 作者：毋文婷

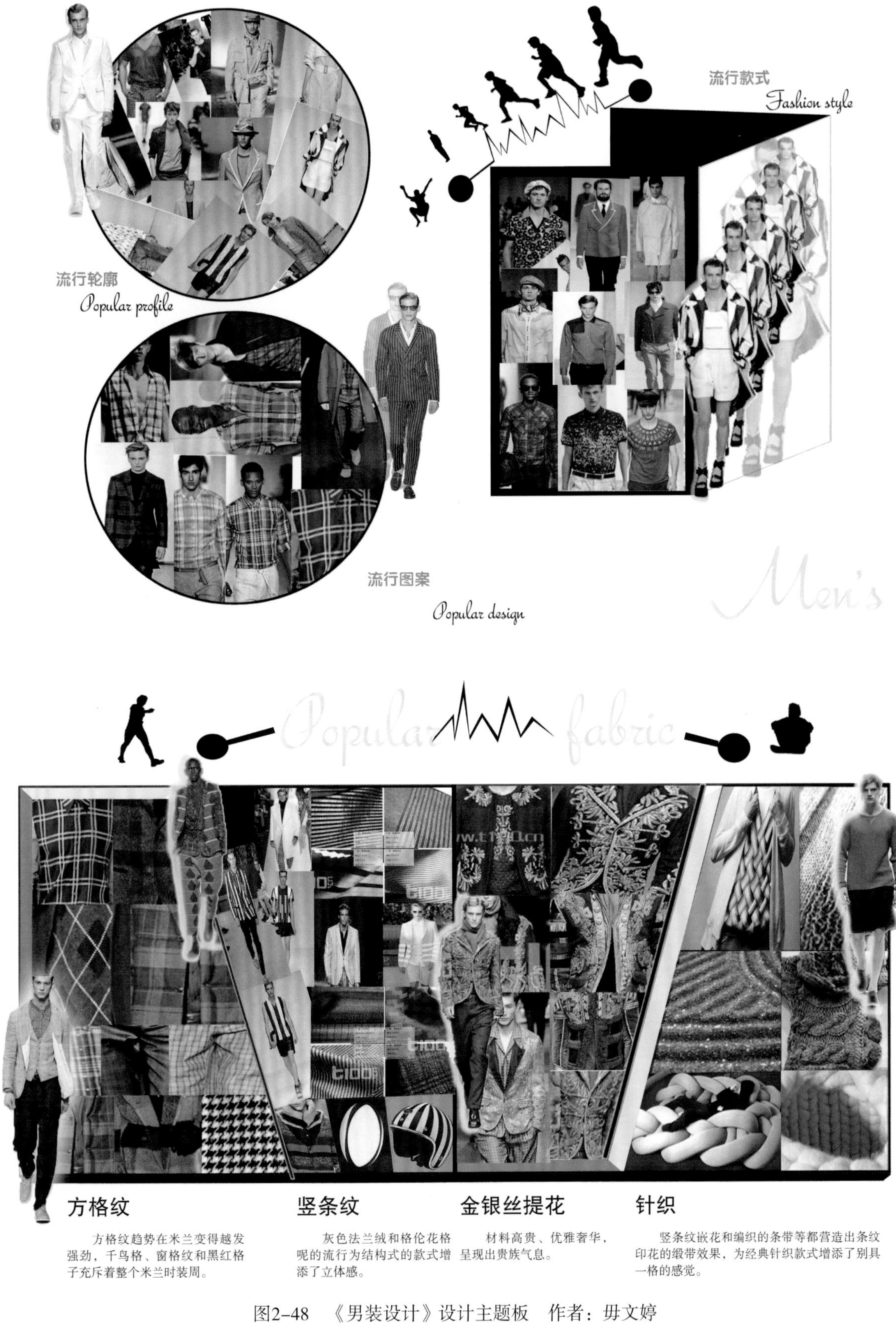
流行轮廓
Popular profile
流行款式
Fashion style
流行图案
Popular design
Men's
Popular fabric
方格纹
方格纹趋势在米兰变得越发强劲，千鸟格、窗格纹和黑红格子充斥着整个米兰时装周。
竖条纹
灰色法兰绒和格伦花格呢的流行为结构式的款式增添了立体感。
金银丝提花
材料高贵、优雅奢华，呈现出贵族气息。
针织
竖条纹嵌花和编织的条带等都营造出条纹印花的缎带效果，为经典针织款式增添了别具一格的感觉。

图2-48　《男装设计》设计主题板　作者：毋文婷

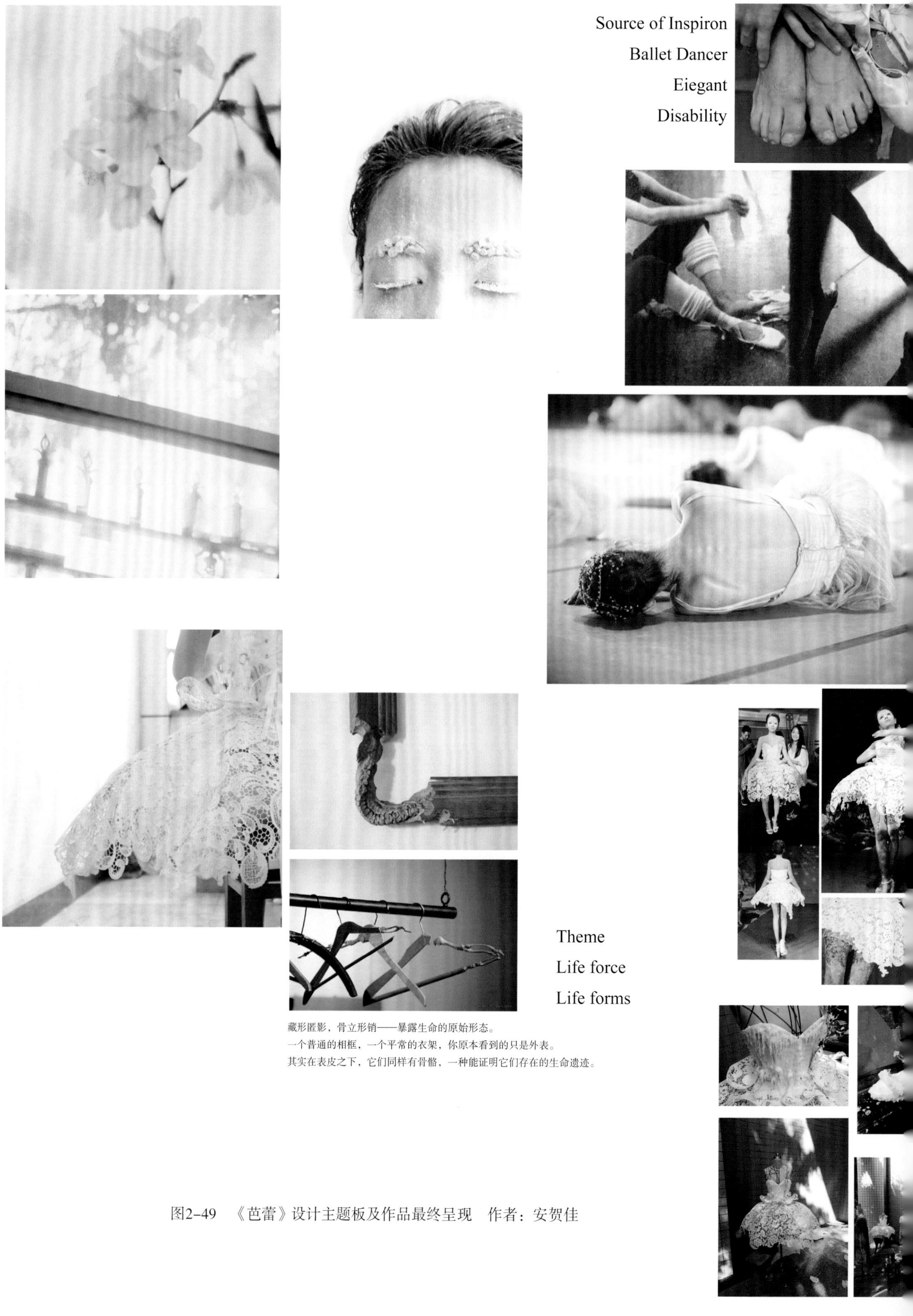

Source of Inspiron
Ballet Dancer
Eiegant
Disability
Theme
Life force
Life forms
藏形匿影，骨立形销——暴露生命的原始形态。
一个普通的相框，一个平常的衣架，你原本看到的只是外表。
其实在表皮之下，它们同样有骨骼，一种能证明它们存在的生命遗迹。

图2-49　《芭蕾》设计主题板及作品最终呈现　作者：安贺佳

五、从头脑风暴中获益

在我们进行文化调研的同时，我们也有必要在庞杂的资料和图片中清理一些思路，这样有助于我们理清线索，更有效地利用图片资料，进行下一步的设计。

既然已经对设计主题的相关领域进行了调研，具备了一定的背景知识，我们可以更进一步，进行一次头脑风暴（BRAINSTORMING）。

怎么进行呢？其实很简单，我们在短时间内，快速地发散思维，写下尽可能多的与主题相关的词汇，而其中的每一个词汇都可以让我们联想到其他的内容。于是围绕一个中心点，可以发展出一个树状图（图 2-50）。

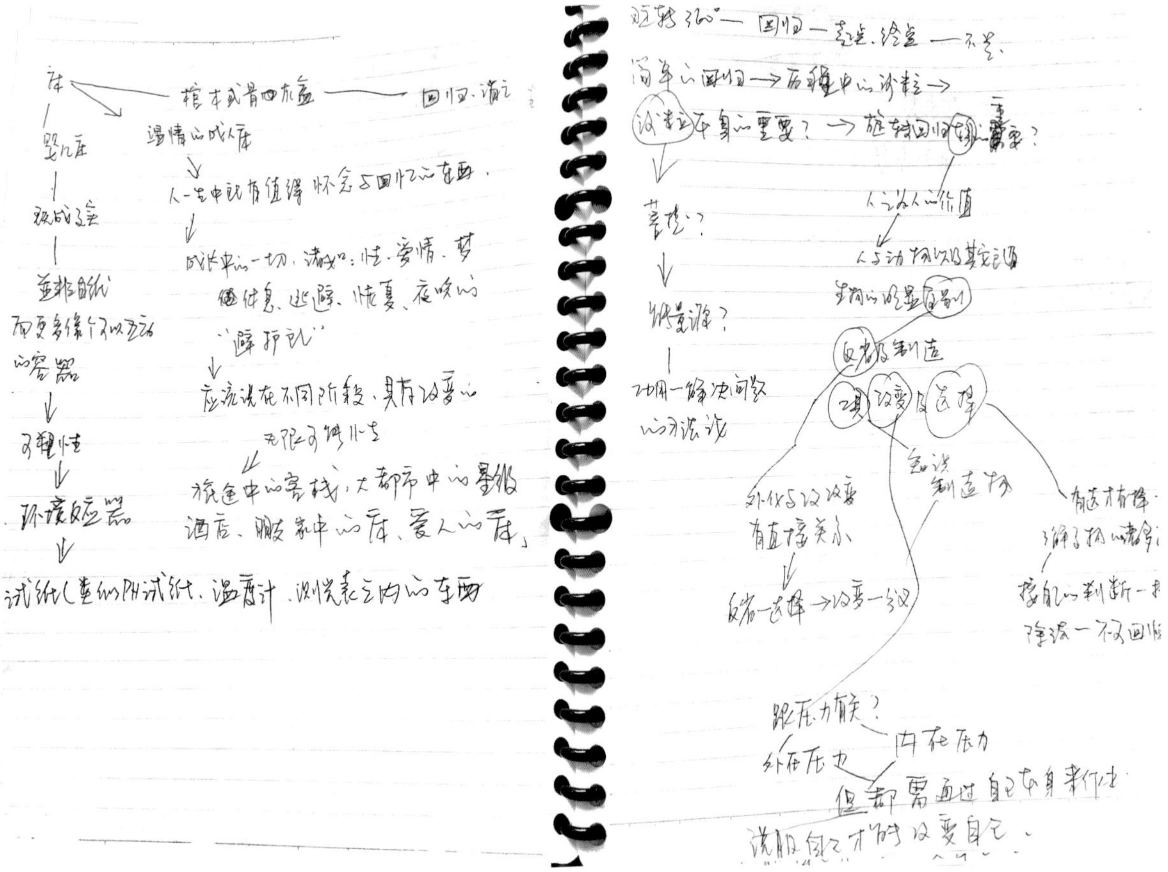

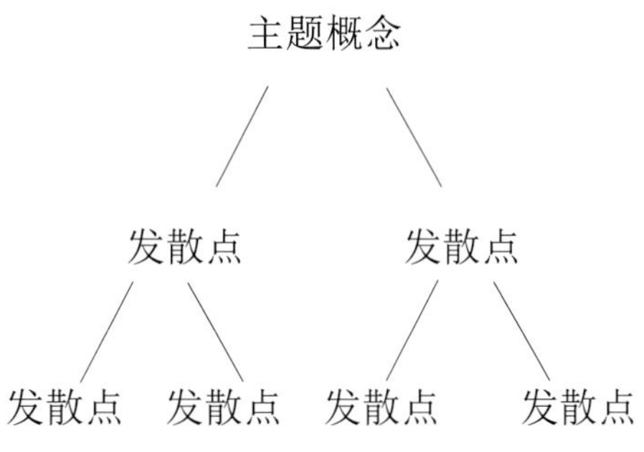

图2-50　艺术家手记中的思维发散

当然，在做思维发散的时候，看似没有规则的一通乱想，实际上也可以遵循一定的思考规律。这是我们思考问题由浅入深的过程。具体思路可参考下面几点：

（1）直接联想和分析：主题及主题相关物的形状、色彩、质感、肌理以及与之联系、相关的他物。这些视觉直观可见的部分都是可以直接套用到以后的服装设计中的。

（2）构成规律和形式：这部分可能是眼睛没办法直接看到的，需要我们进行一定的总结和归纳。

（3）拓展文化意义和外沿：这部分是对主题的延展，可以找出其背后的相关文化背景，或是获取更深层次的函意。这有助于我们拓展思考的深度。有深度的思考，才可能有高级的设计。如图 2–51、图 2–52 所示。

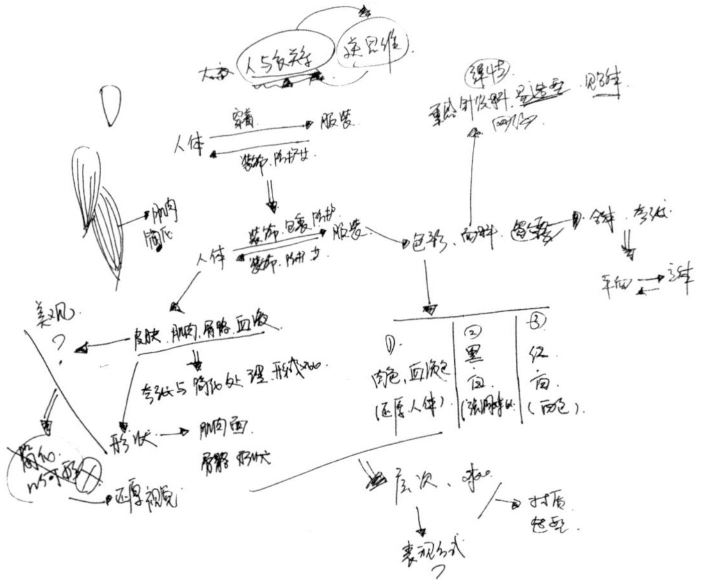

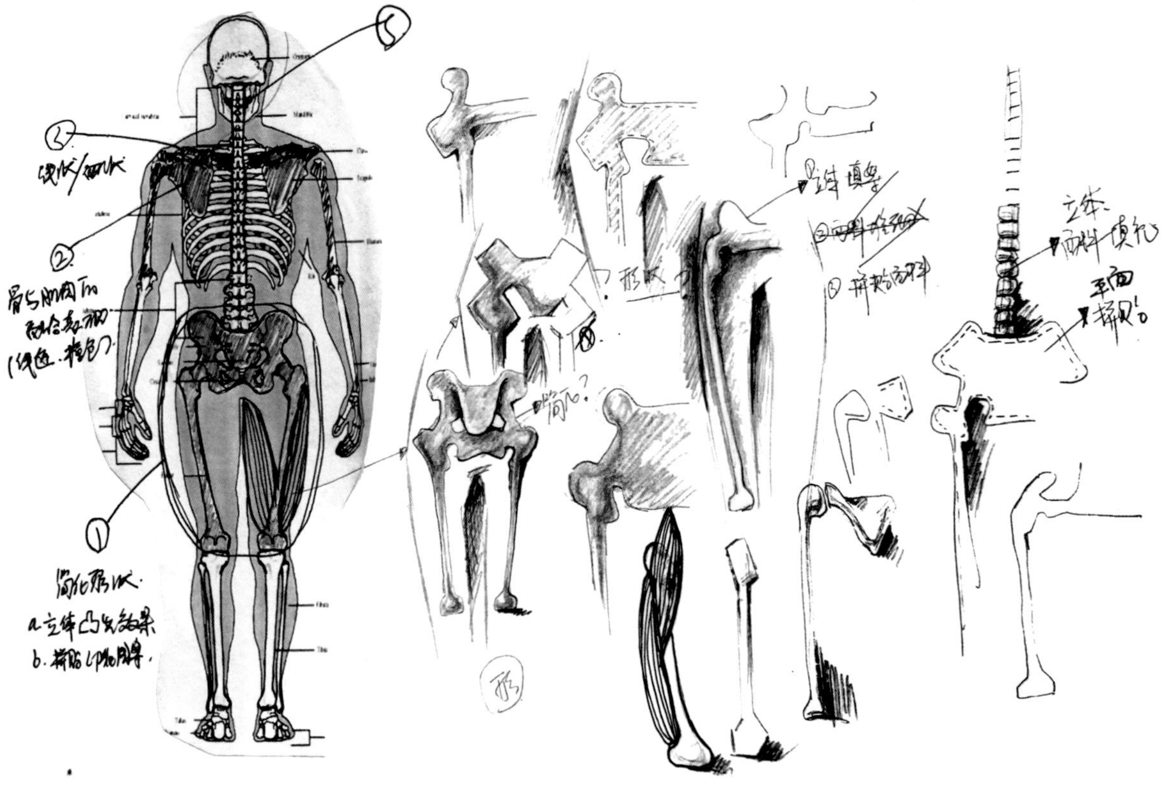

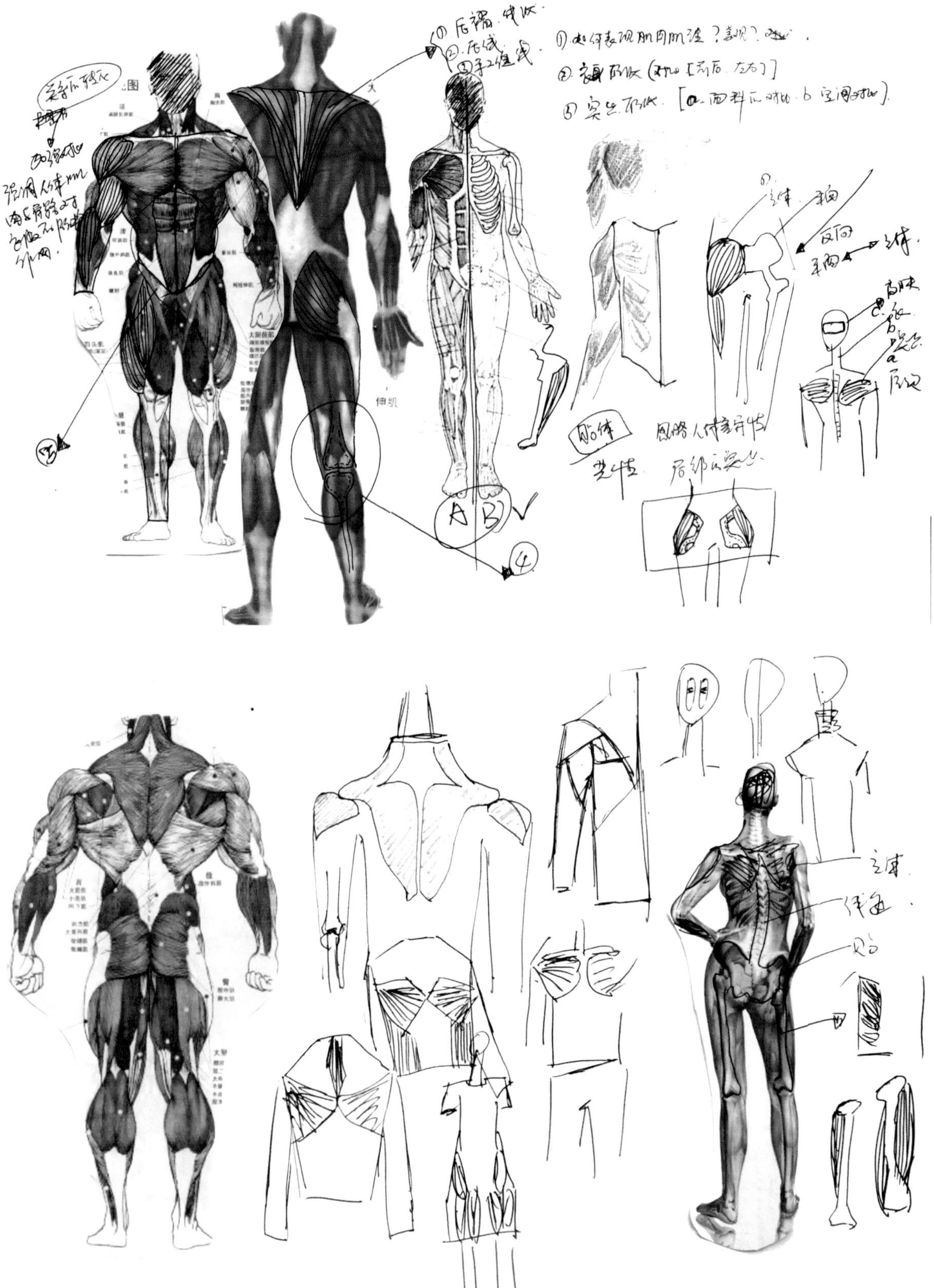

图2-51　《穿过骨头抚摸你》（1）　作者：席培
设计师在设计时，尽力开拓思路、发散思维，同时绘制了大量草图，将肌肉和骨骼的关系运用到设计当中。

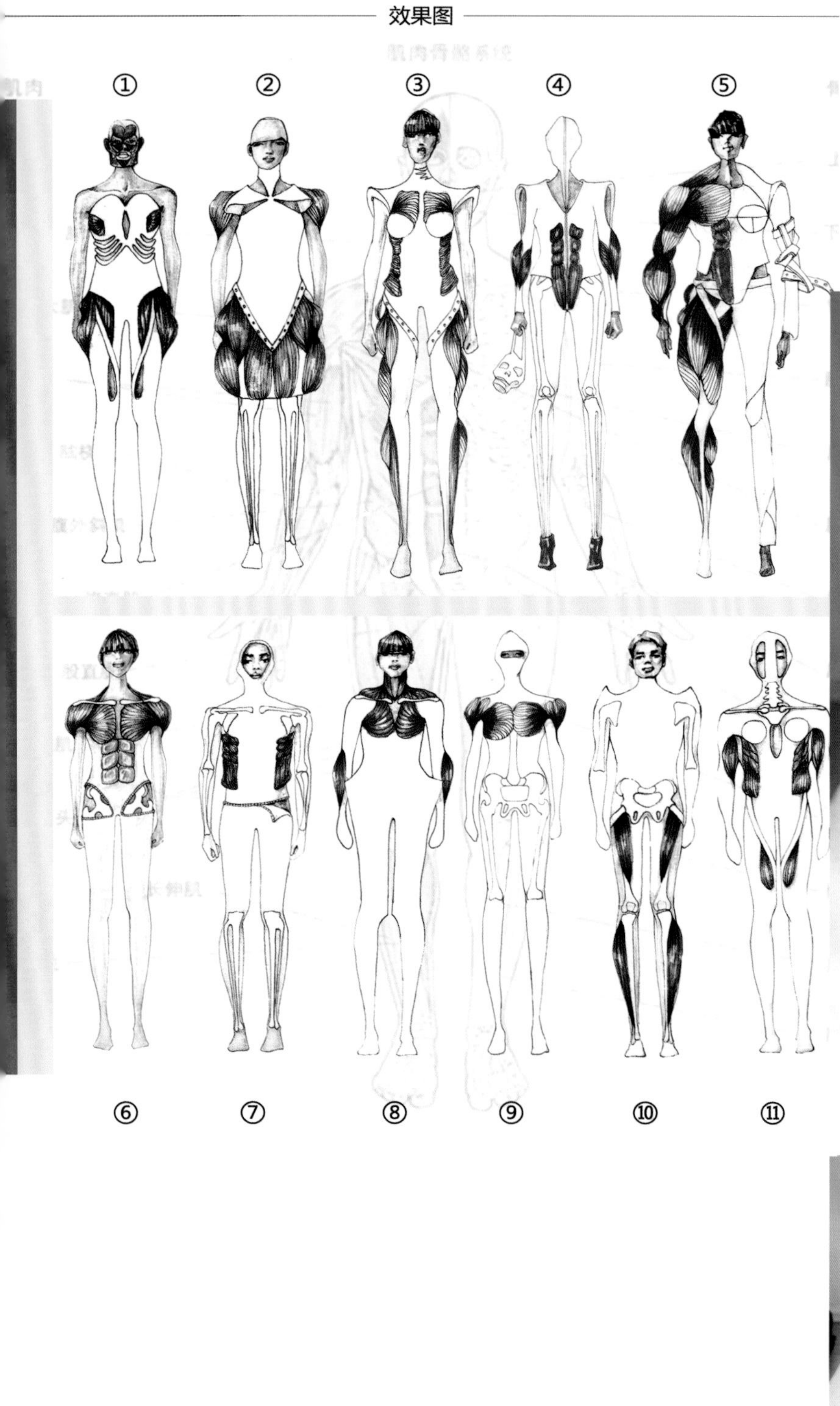

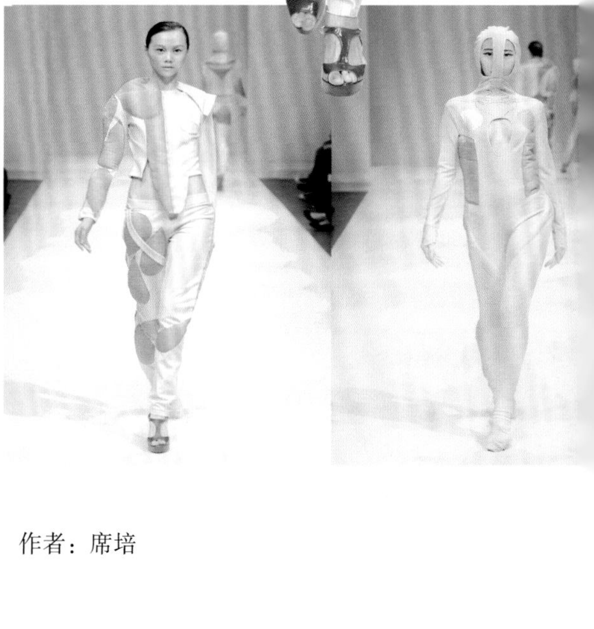

图2–52 《穿过骨头抚摸你》（2） 作者：席培

第四节　材料再造带来的可能性

在上一节中着重讲述了材料的重要性，其中包括对新材料的发现和创造性的整合、用非常规的材料来构建新的材料或图案形式。在对材料的使用保持警觉的基础上，我们的设计完全可以以此为开端，设计的着重点可以是对材料的表现，注重新材料带来的灵感。

毫无疑问，即使是以材料作为重点，我们依然要为其选定主题、划定范围。同样，我们可以从自然界、历史、社会文化生活、艺术、科技等方面来确立设计主题。待主题确立以后，再有针对性地收集图片资料。用通感的方法，意向性地去感受图像资料所提供的信息。在感受的同时，可以在脑海中模拟相似材料的感觉，或者想象一下材料或面料通过何种手段的处理能达到近似的效果。

在继续下一步之前，我们需要为材料的发现和制作找到一些线索，可以先尝试一些探索性和实验性的方法。

首先，从与主题相关的资料图片当中选取感兴趣的点，在这些图像中，我们可以应用联想思维或者逆向思维去寻找一些创作依据，如图像中的花型或图案、某种构成的规律或形式、色彩的组合和搭配、有趣的肌理效果等（图2-53，其中涉及图像设计元素提取的方法，具体请参照第三章第一节“设计元素提炼与方法”）。

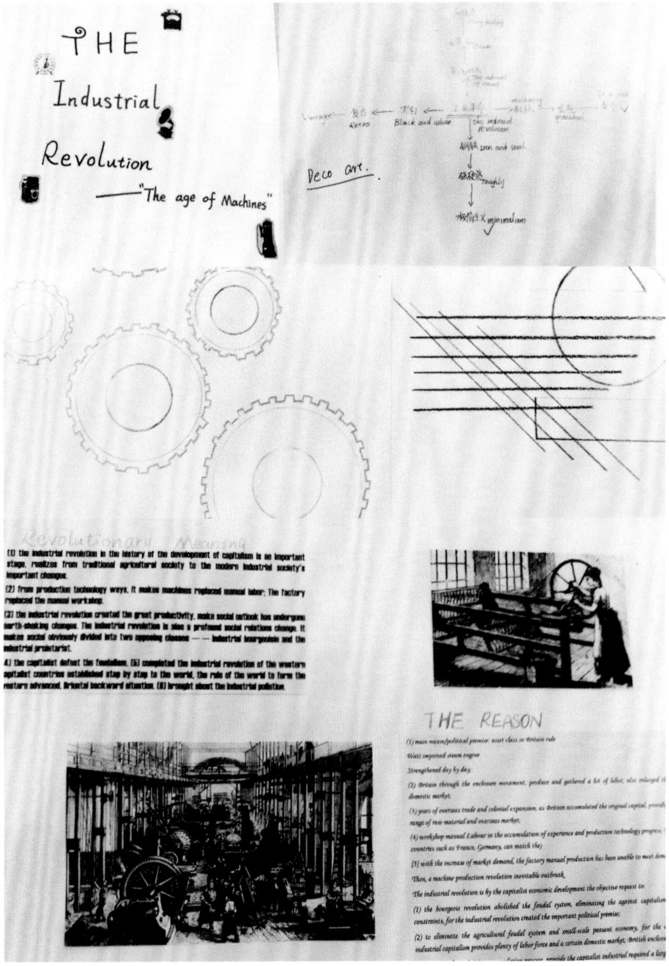

图2-53　《工业革命》课题前期调研部分
作者：孔程

第二步，我们可以先在纸面上实现一些图案或肌理效果。同样的图案也可以用不同的绘画材料去实现：蜡笔可以带来粗糙的材质感觉；水彩和碳精条配合使用会产生纱质感；色粉笔叠加使用会有许多细腻的灰色调出现以及类似于面料扎染的晕染效果。尝试用一些辅助的绘画材料，这也会带来很多新的效果，比如明胶的使用可以在面料上塑造形状。也可以综合使用多种绘画材料以创造出更多新鲜效果（图 2-54）。

图2-54 《工业革命》图纸实现部分 作者：孔程

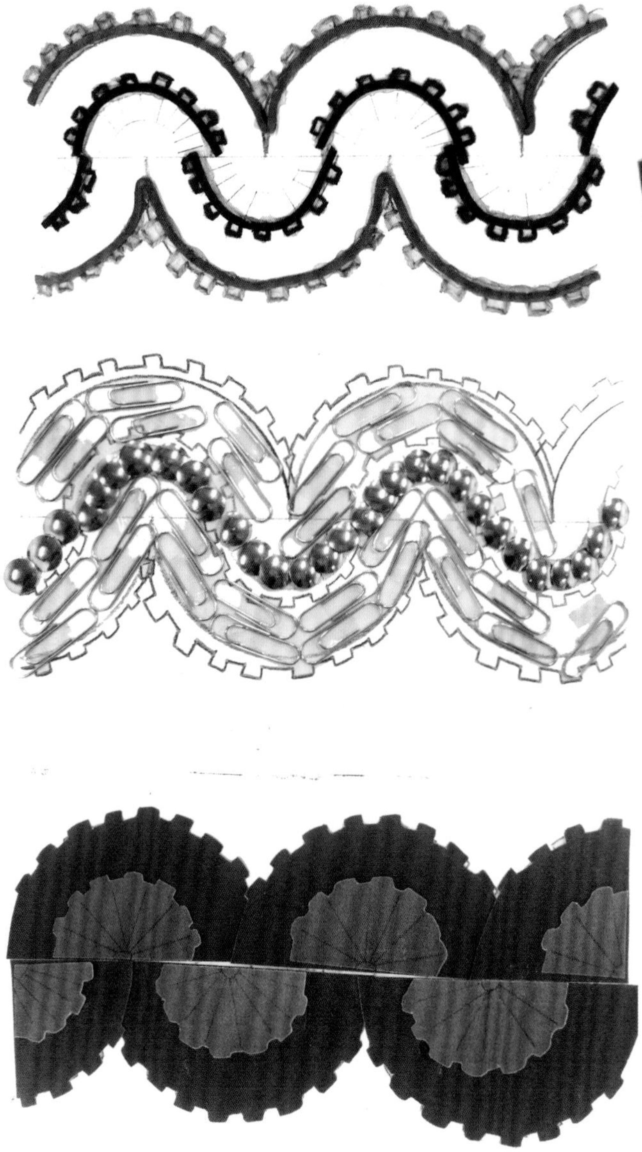

图2-55 《工业革命》材料尝试部分 作者：孔程

第三步，在得到纸本创作的基础上，我们可以直接在上面尝试其他材料的搭配和组合，以纸本为图案基础，可以直接尝试剪贴或拼接以及其他材料的堆砌等，在这一步只需要用胶棒、双面胶或手针做简单的固定。这时可以考虑怎样将纸面创作转换成具体的材料（图 2-55）。

第四步，进行材料的实现与整合。在获取材料以后，首先观察和研究材料本身的特质和属性，在有效的整合之前，我们可以合理利用材料的特质和属性，如厚薄、质地、手感、透明度、拉伸性等。除此之外，一些实验性的手段可以很快改变它们的外观，比如破坏、拼贴、涂鸦、制造肌理等，应加以考虑（图 2-56）。

图2-56 《工业革命》系列中材料再造带来的可能性 作者：孔程

非常规的材料也可以利用起来，如塑料、PU、纸张、金属等。这些物品如果直接用往往行不通，需要通过某种手段让其成为可以制作的原料，我们可以应用胶枪粘连个体单位，或利用针线缝合成片。总之我们对材料的处理是为了下一步更好地设计。

不同材料的整合也会带来视觉上无限的可能性，利用某些面料属性，尝试搭配其他材料，或复合使用多种处理手法，如染色、粘贴、破坏、分割等。在一块面料小样上多尝试各种处理手法，这将会创造丰富多彩的视觉效果（图 2-57~ 图 2-62）。

图2-57　《银杏》文化调研部分　作者：陆泳帆

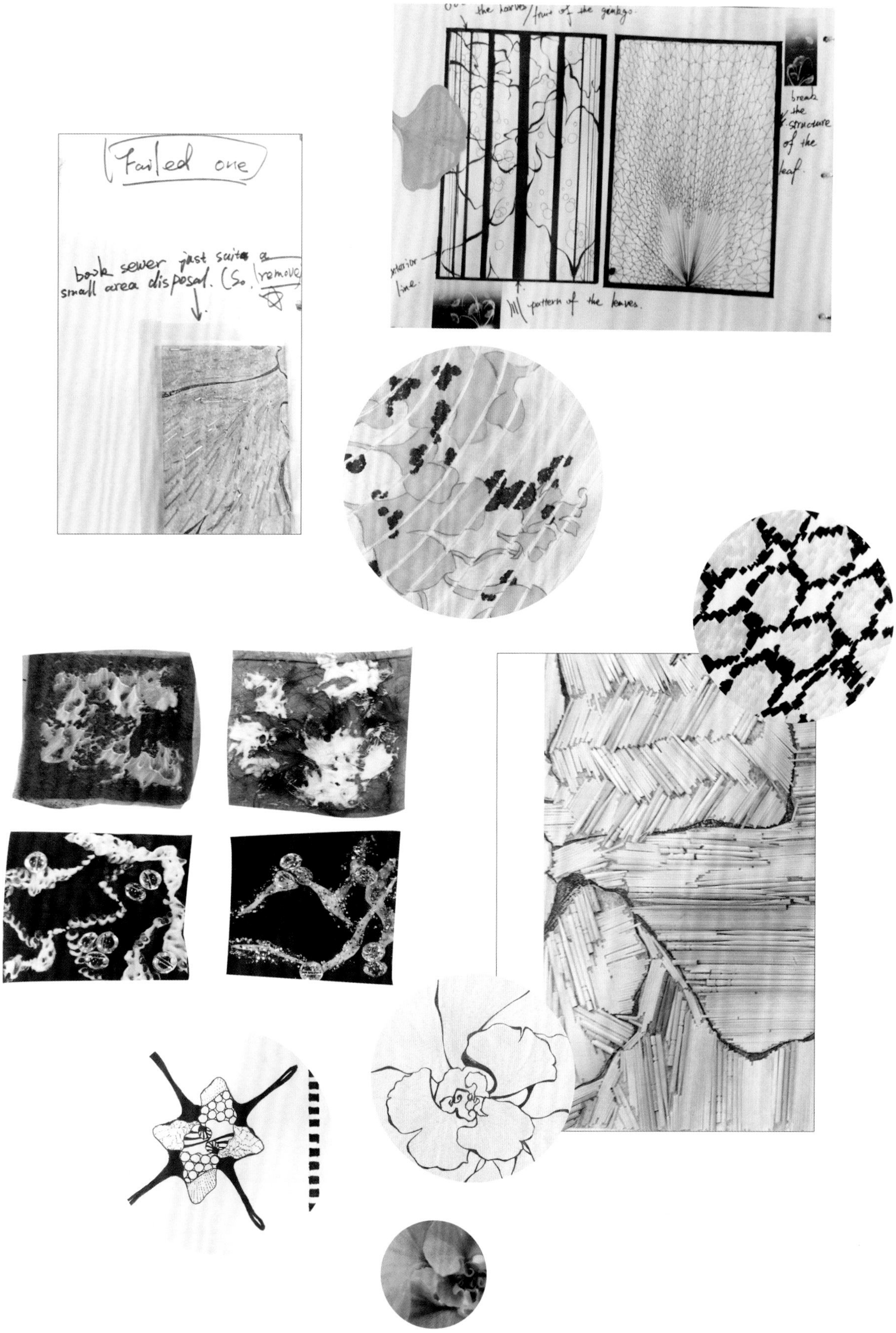

图2-58　《银杏》设计图纸与材料尝试部分（1）　作者：陆泳帆

图2-59 《银杏》设计图纸与材料尝试部分（2） 作者：陆泳帆

图2-60 《银杏》服装设计与制作部分（1） 作者：陆泳帆

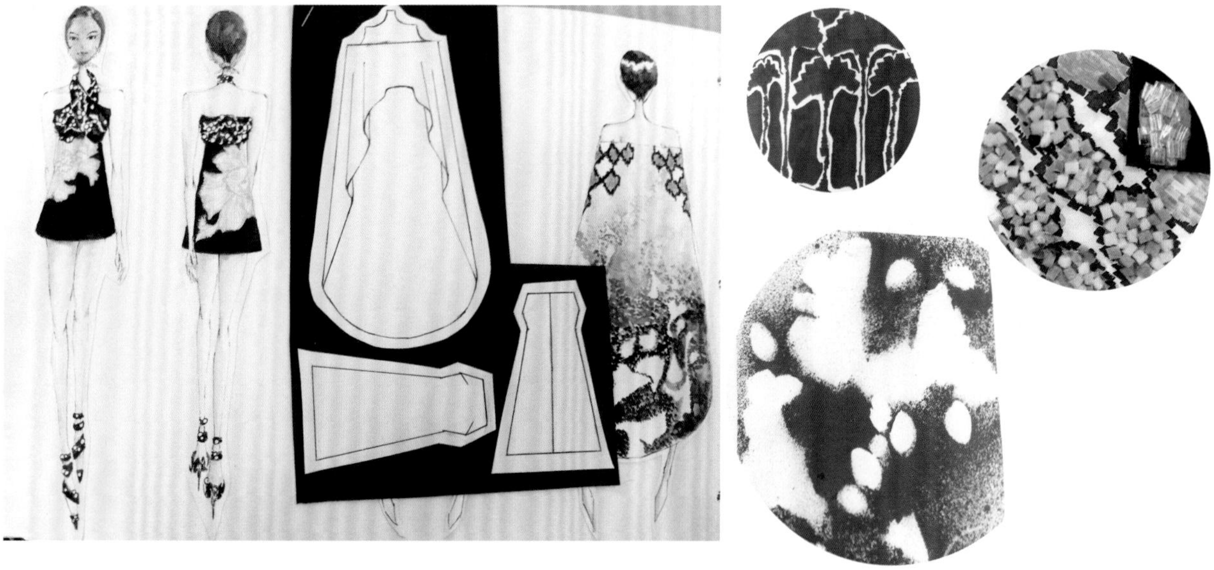

图2-61　《银杏》服装设计与制作部分（2）　作者：陆泳帆

图2-62　《银杏》服装设计与制作部分（3）　作者：陆泳帆

NO.3

第三章　服装创意设计的过程

DEVELOPMENT

第一节　设计元素提炼与方法

第二节　设计元素的转化方式

第三节　服装设计中的形式

第四节　服装造型创意

第一节　设计元素提炼与方法

我们的设计步骤一般从获得灵感、收集材料开始，再从感性资料中抽取有价值的部分，通过归纳整理形成设计主题，再经过文化调研以了解相关文化和背景知识，已经收集了大量的图片资料。这时候可能会面临这样一个问题：图片中的影像资料依然与服装设计相去甚远，甚至风马牛不相及。所以接下来亟待解决的问题就是如何利用手头的图片资料，让其能为服装设计服务，如何能将不相干的他物与服装设计联系起来。

一、图像设计元素的提取

在收集与设计主题相关的资料图片后，直接开始画设计稿也许并不是最明智的选择，会令我们陷入照搬图案或缺乏思考的困境之中，最终流于形式。那么，对于手头的图片和图像应如何处理呢？我们需要进行的一个重要步骤就是设计元素的提炼。

设计元素提炼是一个取其精华、去其糟粕的过程，是提取归纳的过程，也可以是演绎重组的过程。总的来说，是思考和体会的过程，如图 3–1 所示。

元素提炼的过程和结果都没有一个标准模式，每个人的思想、审美、感受、着眼点不一样，所选择和提取出的形式也不完全相同。如何进行元素提取，下面的步骤也许可以提供一些帮助。

（1）观察与分析　运用感性思维，首先对图像资料进行观察和体会，在这个过程中会有很多意向性的感受，保留这些感受，它会为下一步的提取提供方向和依据。接着运用理性思维，对图像资料进行分析，问问挑选它们的动机，想想自己被什么所打动，是色彩、构成规律还是图案？

（2）选择性观看　在观察和分析的基础上，对于前面希望保留并确定想要提取的对象进行选择性观看。在这个环节，应注意不要被图片中的名称概念所带来的惯性思维所束缚，把图片只当作单纯的图像来对待。我们所要做的就是将眼睛聚焦，只观看最感兴趣的部分，将它提取出来，绘制到草稿本上，其他的部分则可以放弃。得到的部分会形成新的形式或图案，这就是下一步做设计的原材料。

图3–1　学生作品（1）

从原始资料图片当中进行图像元素提取，并将提取出的新图案或新形式独立表现。

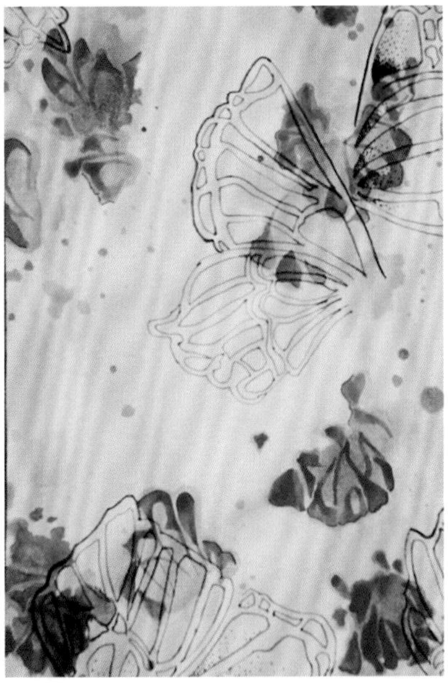

（3）重组　更进一步处理设计元素的方式是主观地对其进行排列和重组，可以将之前的设计元素看作独立的个体单位，重新对它们进行复制、打散、排列和重构。这样会得到更丰富的形式和元素，千变万化，无穷无尽（图 3-2 ~图 3-6）。

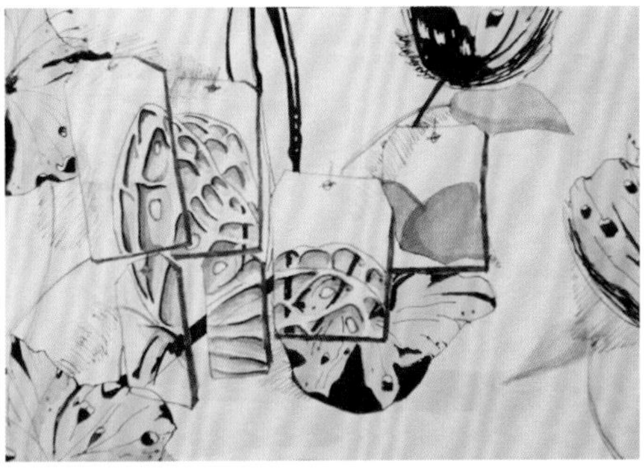

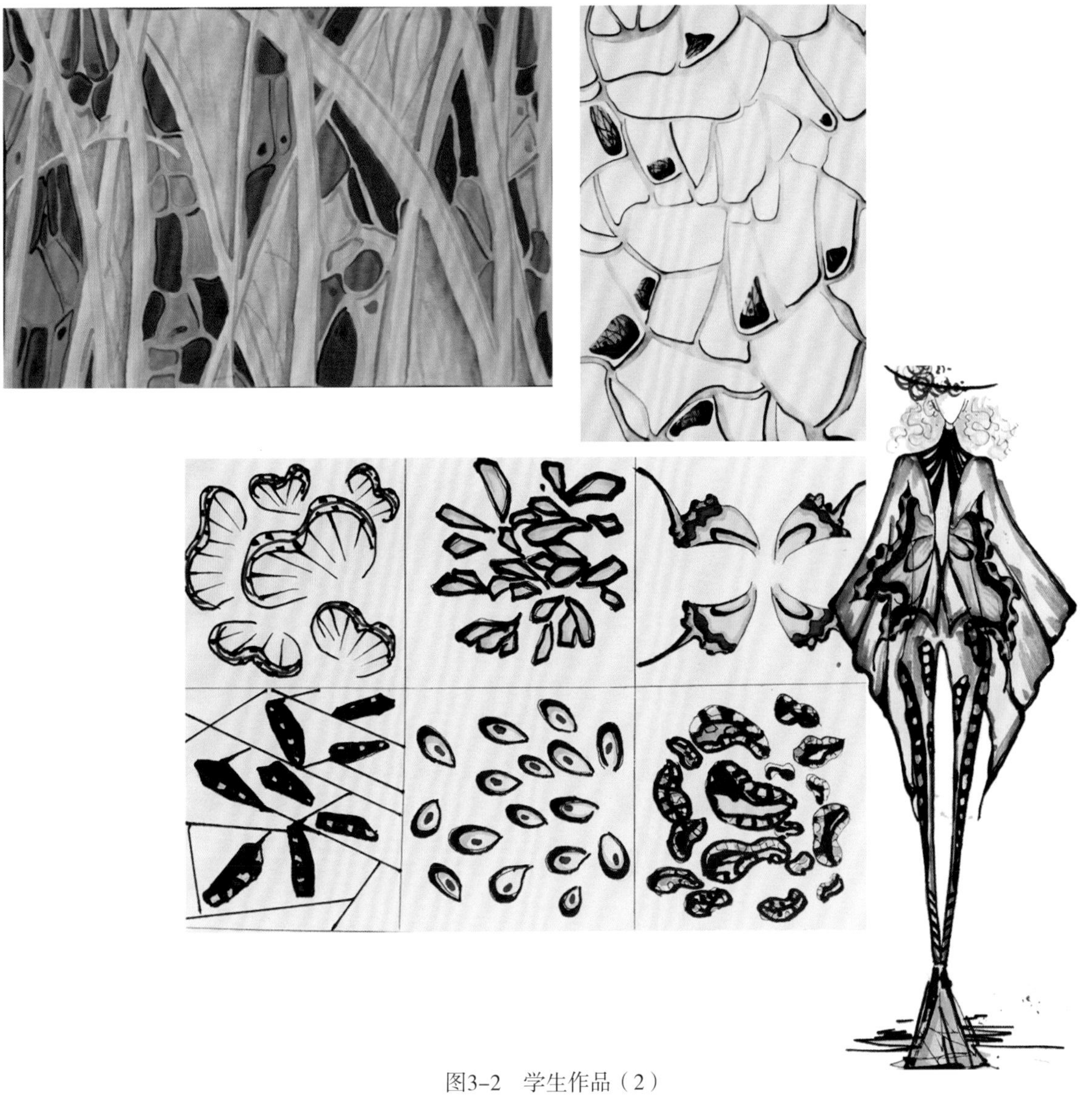

图3-2　学生作品（2）

图3-3　学生作品（3）

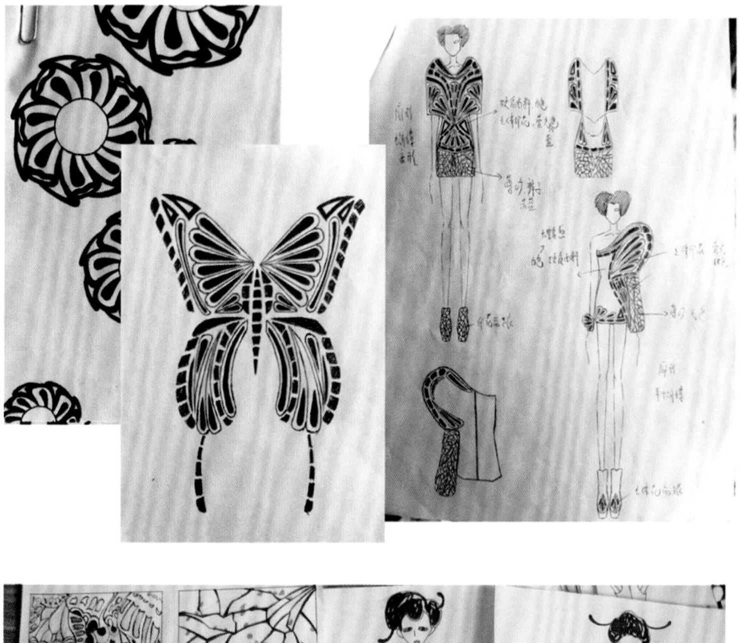

图3-3　学生作品（4）

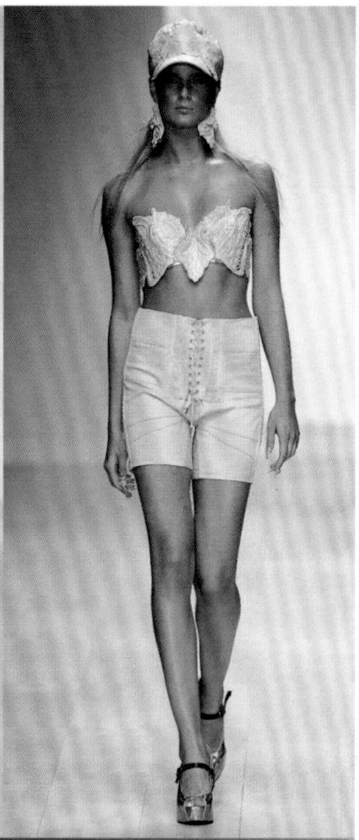

图3-5 时装周品牌ZTK作品

此系列设计灵感来源于蝴蝶，将从蝴蝶中提取的设计元素进行图案重组与转化，并用相应的工艺手段表现。

图3-6　时装周品牌 Felicity Brown 作品
设计师同样从蝴蝶这一原始资料图片中提取色彩、造型等元素进行创作，在工艺手段上应用了镂空、叠加、绗缝等手法。

二、色彩设计元素的提取

色彩在艺术创作中有着举足轻重的作用，色彩与形式互为依附，相辅相成。色彩不仅能给人丰富的视觉感受，还能让人产生独特的情感联想，如：红色是象征爱情的颜色，但也象征仇恨；绿色代表生命力和活力；蓝色代表深邃、忧郁；黑色代表庄重，也象征悲伤……19世纪60年代印象派的画家们从画室走到室外，发现了阳光和色彩之间的秘密，在他们的画面上，保留了不同光线下，色彩的微妙变化以及丰富而细腻的灰色调。在服装领域，色彩同样发挥着巨大的作用，通过美好的色彩搭配，可以构成愉悦的视觉感受，同时也会影响人们的心理并产生积极的作用。

可以说，对色彩的敏感和驾驭能力应该是一位成熟的设计师必备的重要能力（图3-7）。最终我们的设计都将面临市场的考验，在购物行为中，服装的色彩对消费者是非常重要的，并将决定他们是否会继续下一步的挑选与购买。在创意服装设计中，色彩的搭配与选择也同样至关重要，它是第一眼的观感和视觉表现。既然色彩如此重要，我们有必要进行相关的训练，尽可能掌握其基本原理，如色彩和光线的关系、色相，能正确指出某个色彩在纯度环和明度环上所处的位置等，并能自如地运用色彩，如了解色彩明度搭配八大调、有彩色与无彩色的搭配、互补色搭配、相似色搭配等最基础的色彩应用。

但是，仅仅进行基础训练是远远不够的，在色彩世界中，具体应用时，往往具有感性的特征。比如红色降调，降到什么灰度更令人愉悦，这需要依靠色感来调和；同样，黄绿色相各占多少比例更合适，这也要靠色感来指导。所以在真正的搭配和应用中，更多的是依靠个人的色彩修养和感觉，但色彩修养从何而来呢？我相信艺术家所掌握和知晓的色彩肯定比牙医要多得多，形成这种对色彩的掌控能力需要积累。这方面也许欧洲人更有优势，艺术已然成为欧洲社会重要的组成部分，无数的美术馆鳞次栉比，展览内容从最古典到最当代的艺术品。参观者除了交织如梭的成年人，还有端着小板凳的幼儿园小朋友，他们跟着老师驻足在每一幅作品前欣赏与聆听。从小的艺术陶冶将色彩和审美内化为本能，在以后的应用中必然具有优势。而对于我们自身来说又如何去培养色彩修养并能自如地应用呢？以下的训练手段也许会提供一些帮助。

图3-7 学生作品 作者：陈梦然

设计师在色彩搭配上做了降调考虑，在服装设计中应用了大量低纯度高明度色彩。

1.赏析训练

对于我们自身来说，应该积极去社会中寻求和积累色彩的视觉感受。对艺术流派的了解和作品的熟悉是很必要的，不管它是传统的还是现代的，东方的还是西方的，在赏析的过程中培养自身色彩修养。印象派作品中色彩的丰富与细腻，野兽派画作中色彩的浓烈与大胆，后期印象派作品中色彩对情感和情绪的抒写与表达，立体主义与冷抽象作品中对色彩的归纳……这些都值得我们学习，通过对成熟的色彩作品的赏析能快速积累色彩体验，除此之外还要多看社会生活中具有美好色彩的事物，如自然界的花卉、蝴蝶，生活中的物品、明清的粉彩瓷器、战国琉璃制品等。擦亮眼睛，放飞心灵，学习那些美好的色彩，最终这些积累也会内化为我们身体的一部分，在具体应用的那一天发挥作用（图 3–8~ 图 3–10）。

图3–8　学生作品　作者：王苗
设计师在设计中应用高纯度色彩，形成强烈的视觉效果。

图3–9　时装周作品
有彩色与无彩色的搭配配色也是非常有效的服装配色方式，无彩色的黑、白、灰以及金属色能和一切颜色调和。

图3-10　学生作品　作者：蒋沅宏

设计师在设计中应用高纯度色彩，形成强烈的视觉效果。

2.情感训练

在现实生活中，色彩与人类的情感或情绪之间存在着某种必然的联系，比如色彩领域中“色感”一词，就是直接来源于人类对色彩的冷暖感知，甚至某些色彩就能指代某种既定的情感或感受。比如，热情总是让人联想到红色，悲伤让人们联想到黑色，忧郁让人们联想到灰色等。而同一色相中，微妙的变化也能带来心理或情绪上巨大的不同，比如粉红色总是跟人类的情爱有关，偏暖的粉红让人感觉愉悦甜蜜，象征着美好的爱情；可偏冷的粉红（如多调和一些紫罗兰色）却多用于情色场所，在情感意义上与甜蜜的爱情相去甚远。对于设计师来说，合理有效地利用色彩的情感联系也是色彩运用能力中非常重要的一课。在日常生活中，可以做一些有趣的色彩情感训练，可以尝试用色彩表达情感或情绪，也可以在听完一首乐曲或看过一部电影以后尝试用色彩以及色彩的搭配来叙述情节。通过色彩语言转换情绪或感受，我们会惊喜地发现在纸面上呈现的画面如此美妙，这将是一个有趣的过程，充满宣泄和创造的快感。如图 3-11 所示，绘画者巧妙运用色彩来表达不同的情感。

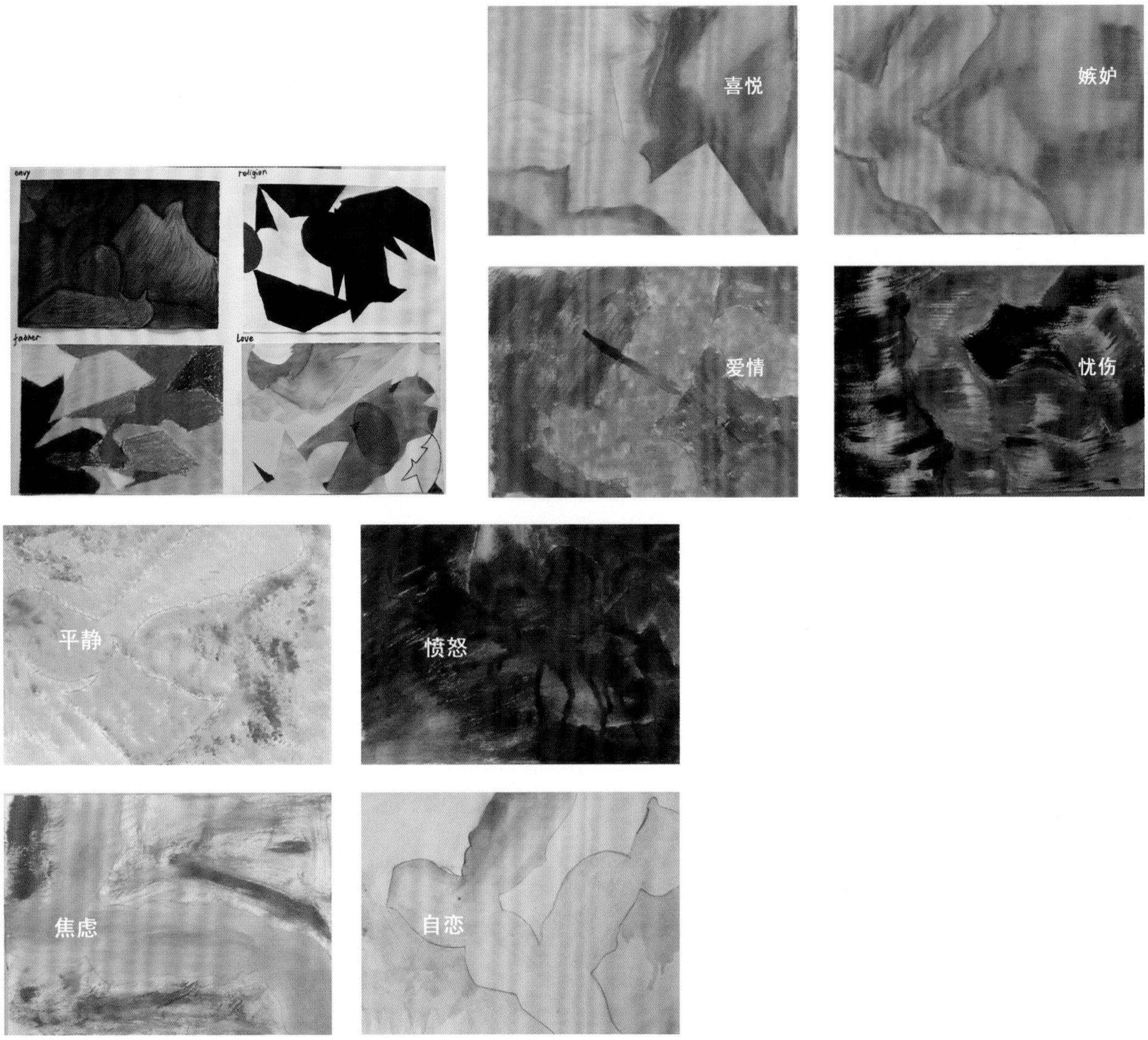

图3-11　学生作品　作者：毛诗序

在这个训练中充分调动学生对色彩与感情之间的感悟能力，用色彩和简单的形状表达出某种情绪。

3.提取训练

做色彩提取训练的时候最好使用水粉颜料，因为它的色相比水彩更准确，又不像彩色铅笔或马克笔不容易调和。在做提取之前，先寻找色彩目标，可以是一幅现成的艺术作品，也可以是自然或社会生活中某一类物体。我们需要做的就是将其中的色彩提取并以色条或色块的方式准确地还原到另一张白纸上，形成关于某个主题的色彩概念板，也称色彩主题板。这样的训练积累到一定的量以后，我们对色彩的体会会进一步增强，并且可以为下一步的设计积累素材（图3-12、图3-13）。

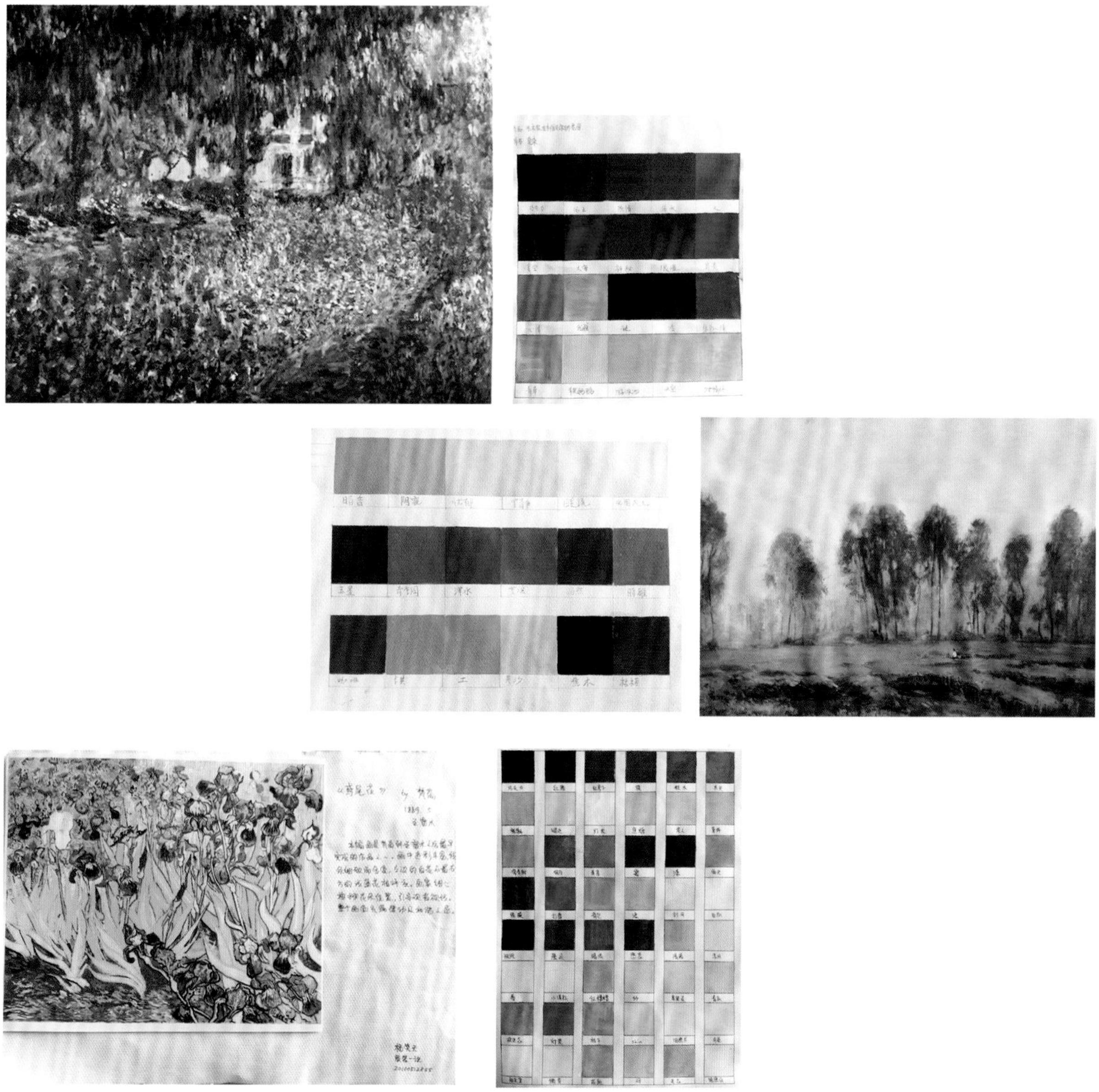

图3-12 学生作品

进一步的色彩提取训练可以选择成熟的艺术作品。如本作品选择印象派的画作，对画面中微妙的灰色调进行捕捉并加以提取。

图3-13 色彩主题板 作者：张缈

在服装设计配色之前，一边进行色彩提取，一边制作色彩主题板，既可以延续设计主题，又直观明了。

三、造型设计元素的提取

服装的结构和造型是服装语言系统中非常重要的部分，它是形式、色彩、分割等元素所依附的对象。但很多时候，我们都从图纸出发，过多留恋于平面的图形形式而忽略了立体的空间造型、忽视了服装造型与面料与人体之间的关系。

作为一个设计师，应掌握基础裁剪技能，在此基础上多收集和关注优秀的服装设计款式。

从服装的造型来说，可大略分为外部廓型和内部构造，外部廓型可以是设计中首要考虑的部分。常用的服装外部廓型有上小下大的 A 型、突出肩部的 V 型、视觉焦点集中于中部的 O 型、最具女性化色彩的 X 型以及最无性别差异的 H 型等。而整个西方的服装发展史也是服装廓型流变的历史，如：古希腊古罗马时期的悬垂披挂式服装所形成的 H 型，中世纪以后由拉夫领、紧身胸衣和裙撑所构建的 X 型，第二次世界大战之后 DIOR 的“new look”所带来的小 A 型，20 世纪 60 年代朋克们用垫肩、超短裙所打造的 I 型等。在设计之前，对常用的外部廓型进行梳理并选择性地运用于一个系列中，可使系列服装在外轮廓上具备较好的节奏感。

对于内部构造来说，它并不是游离于外部廓型独立存在的，恰恰相反的是，内部的构造和造型变化会引起和带动外部廓型的变化。如何进行结构的内部构造呢？可以尝试基本的省道线以及省道的转移。以结构线为基础，对面料进行分割或加量，可以做结构上的变化。此外，还可以利用面料本身的特性，悬垂、叠加、牵拉、堆砌，塑造立体的造型。

优秀的结构作品是很好的学习对象，大量收集和分析训练是很有必要的，在分析研究成熟作品结构的基础上，可以尝试着在人台上还原一些精彩的部分，并用相机或者速写本记录下来。这样的训练应该长期坚持，会对服装结构的设计起到很大的帮助（图 3–14）。

图3–14　时装周部分作品造型元素提取与借鉴

第二节 设计元素的转化方式

从原始的资料图片中提炼出我们感兴趣的设计元素，它们可能是一些图案、好看的色彩组合、某种构成规律、一些肌理效果等。

在这个时候，我们的草稿本会派上大用场，先将提炼出的设计元素罗列在上面，尝试用不同的绘画材料表现，或是在此基础上再进行图案的重构或重组。此时，我们的脑海中就会浮现出一些服装细节和片断。这些感受或许就是某一设计元素所引发的直接或间接的联想——图案在服装上的摆放、类似的面料的质感、某种材料后处理之后的相近效果等。这些先期的感觉和意向非常重要，或许会成为下一步设计的指引。

除了感性的感受之外，在下一步的设计过程中需要进行的是理性的转化。存在于草稿本纸面上的图画为我们提供了线索和材料。不过在这个时候，元素依然是元素，离最终的服装设计方案还有一段距离，那么，将平面的元素转化为服装语言，令设计能够呈现就非常重要了。如何进行设计元素的转化呢，以下步骤或许能提供一些帮助。

一、设计元素转化为图案

（1）提取它物的图案直接用到服装之中是最简单和直接的办法（图 3-15），在这样的转化中，着重点在于发现美的图案，如现成的建筑局部、民族服饰上的纹样、图腾、雕塑、窗花剪纸等。

（2）更深入的方式则是对对象进行再处理——图案重构。有很多方法可以重构图案，常见的方法有：按照自定义的顺序重新排列元素，使其形成新的形式；将元素进一步打散，交换顺序、重新拼命之后得到新的形式；分析无素图案的构成规律，按此规律重新演绎绘制新的形式，自由发挥；用几何形对原有元素图案进行归纳等。如图 3-16 所示。

图3-15 时装周作品

此系列设计的设计点在于强烈的图案效果，将图案元素直接丝网印染到服装上，表达了图案元素的直接应用。

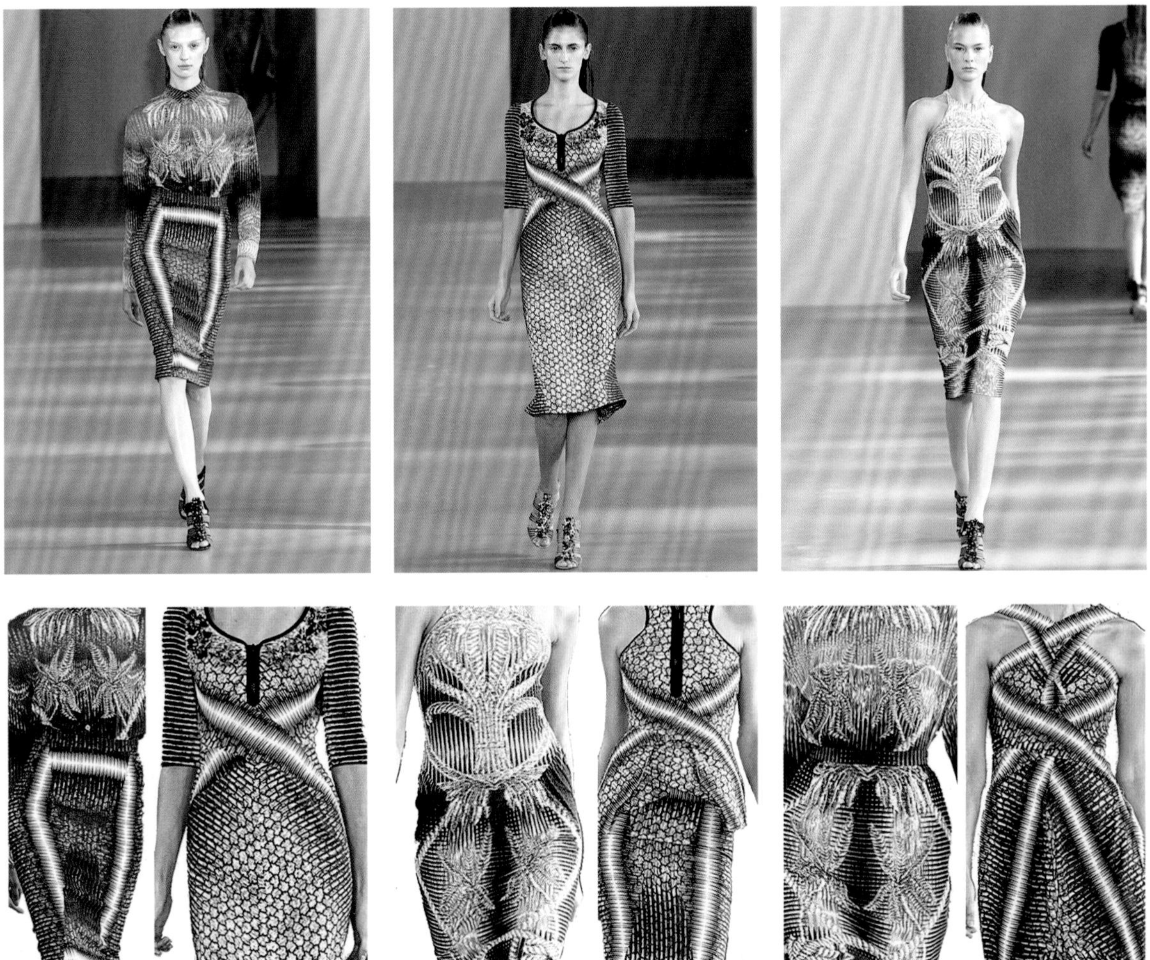

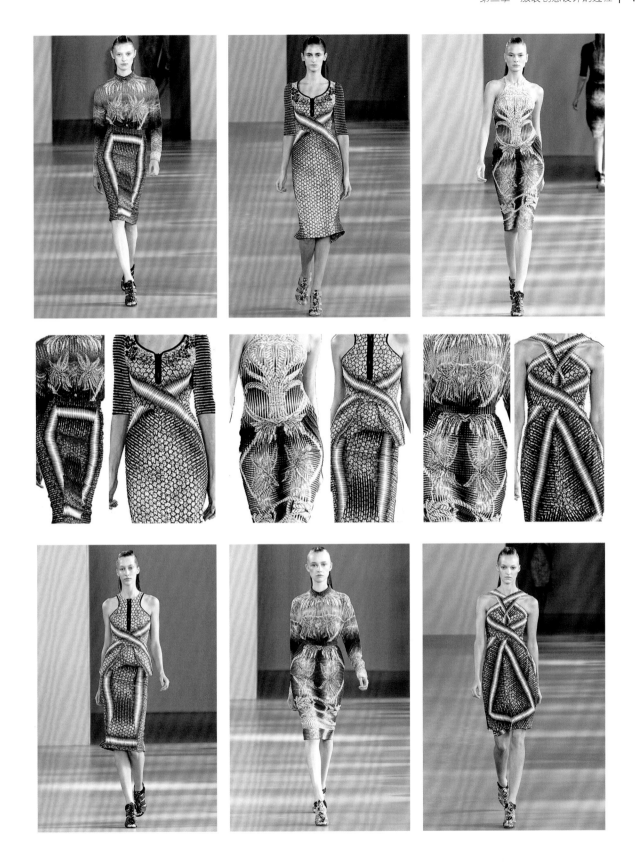

图3-16　时装周作品
设计师将服装结构与面料图案相结合，可以看出棕榈树这一图案重构后运用于设计中的效果。

二、设计元素转化为结构与工艺

这一步是设计语言转化中非常重要的步骤，再美好的图案或形式也需要通过某种途径呈现在服装上，那么结构工艺手段就是其实现的途径。常用结构工艺转化手段如下。

1.印染

印染就是通过丝网印刷或其他媒介将图案实现在面料上，这是最直接的转化方式（图 3–17）。

图3–17　时装周作品中的印染效果

采用直接印染，将印染元素应用于设计中，设计元素也得以最直观的表现。

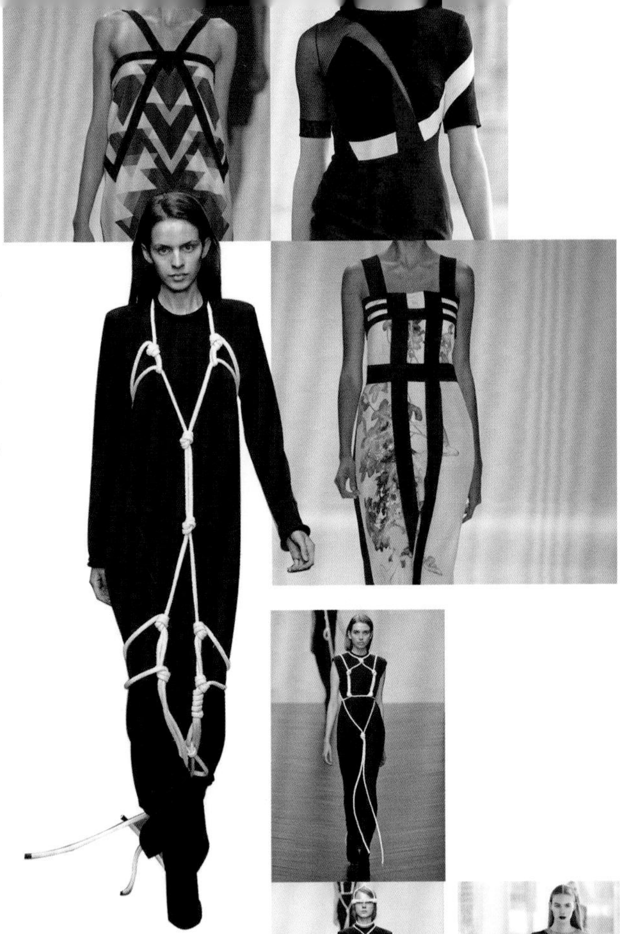

2.分割线

如图 3–18 所示，在服装上出现的分割线除了省道线、结构线之外还有装饰线，这也是设计元素得以在服装上实现的常用途径。如果在实现装饰线的同时能巧妙地利用省道线的转移或依托结构线做些变化，最后的效果会更好。

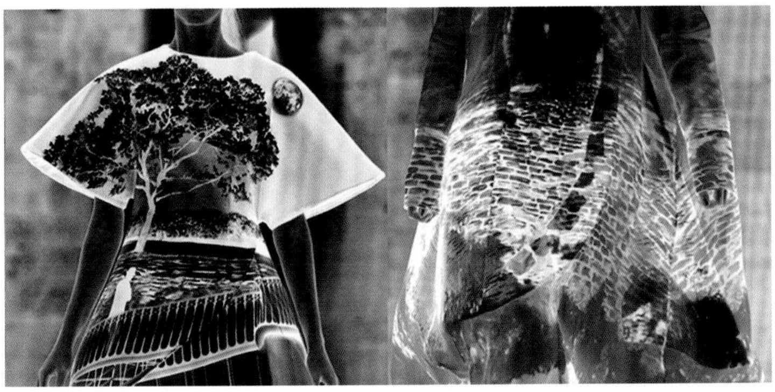

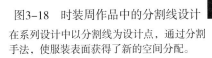

图3–18　时装周作品中的分割线设计

在系列设计中以分割线为设计点，通过分割手法，使服装表面获得了新的空间分配。

3.拼接

采用拼接的手法，能将某些形式运用于服装上，还能实现多种材料和质感的整合（图 3-19）。

图3-19　时装周作品中的拼接效果

运用拼接的手法，在服装中着重体现了图形，同时也实现了图形与不同色彩和材质的结合。

4.镂空

镂空的手法类似于雕塑中的透雕，能实现多层次和丰富性，达到较好的视觉效果（图3-20）。

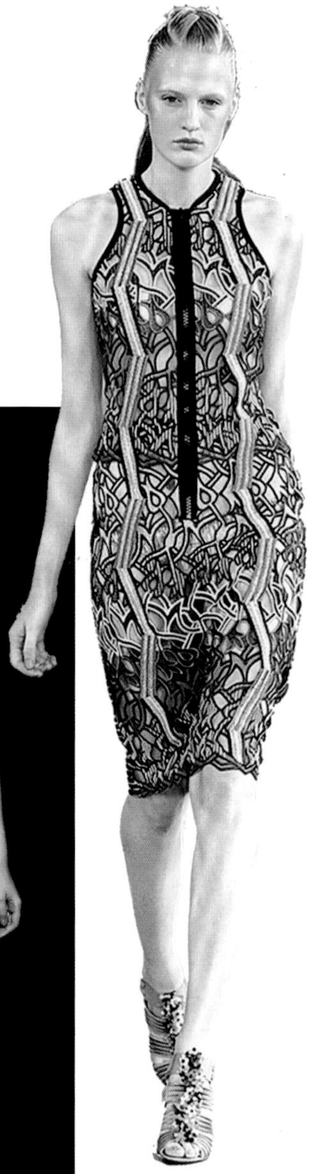

图3-20 时装周作品中的镂空手法

高级定制类服装当中常常出现以镂空效果为主的设计，增加了服装的视觉丰富感和空间感。

5.填充

与镂空相对应的转换手法是填充，通过增加填充物使面料突出于表面，拓展了服装外部的空间，增加立体感和雕塑感（图 3–21）。

图3–21　时装周作品中的填充手法

在设计中采用填充手法，可以表现膨胀感，具有一定的戏剧化效果。

6.破坏

破坏是一种非常有趣的转换手法。对材料的破坏能带来某种特别的视觉效果。日本设计师三宅一生就曾与我国 艺术家蔡国强合作，在服装上洒上火药引爆，爆炸之后形成特别的图案与纹理，形成偶然和随机的美。

破坏的工艺手段有很多，如灼烧、撕裂、剪切、拉扯等，可以随机破坏，也可以有意为之，通过破坏的效果转化出设计形式和图案（图 3-22）。

图3-22　时装周作品中的破坏处理

对面料进行破坏处理，形成残缺、撕裂的美感，让服装别具一格。

7.穿插

运用穿插的手法同样可以获得复合的层次感。通过这种方式不但可以实现各种图案或形式，而且还可以尝试一些有创意性的结构设计（图3-23）。

图3-23　时装周作品中的穿插手法
穿插手法运用在服装设计中较多，有效地利用了服装的结构，并且形成强烈的形式感。

8.悬垂

通过悬垂的手法，可以实现从线条到图案或形式的转换，这样的手法独具特色，呈现出特有的律动感和垂坠效果（图 3–24）。

图3–24　时装周作品中的悬垂手法

采用悬垂手法，为设计增加动感。

9. 重构

重构的手法在服装设计中屡屡出现，通常是将传统的服装结构进行解构，再利用解构之后的形态进行重新组织与安排，营造出新的视觉形式。而这些新的视觉形式，因为保留了常规的结构部分，所以常常会让人有错讹感和新鲜感(图 3-25)。

10. 堆砌

堆砌手法在创意服装设计中主要有两方面的应用。一方面可以是多种设计元素的并置，由此带来丰富的视觉效果和琳琅满目的感受。另一方面则是单一设计元素的大量重复与堆砌，从而带来视觉上的体量感、雕塑感和造型感（图 3-26）。

11. 层次处理

在创意服装设计中通过对层次的营造可以达到较好的视觉效果，可以实现多种材质的重叠以及材质间的面积对比。这是一种比较常用的设计元素转化方法（图 3-27）。

图3-25 时装周作品重构手法的应用

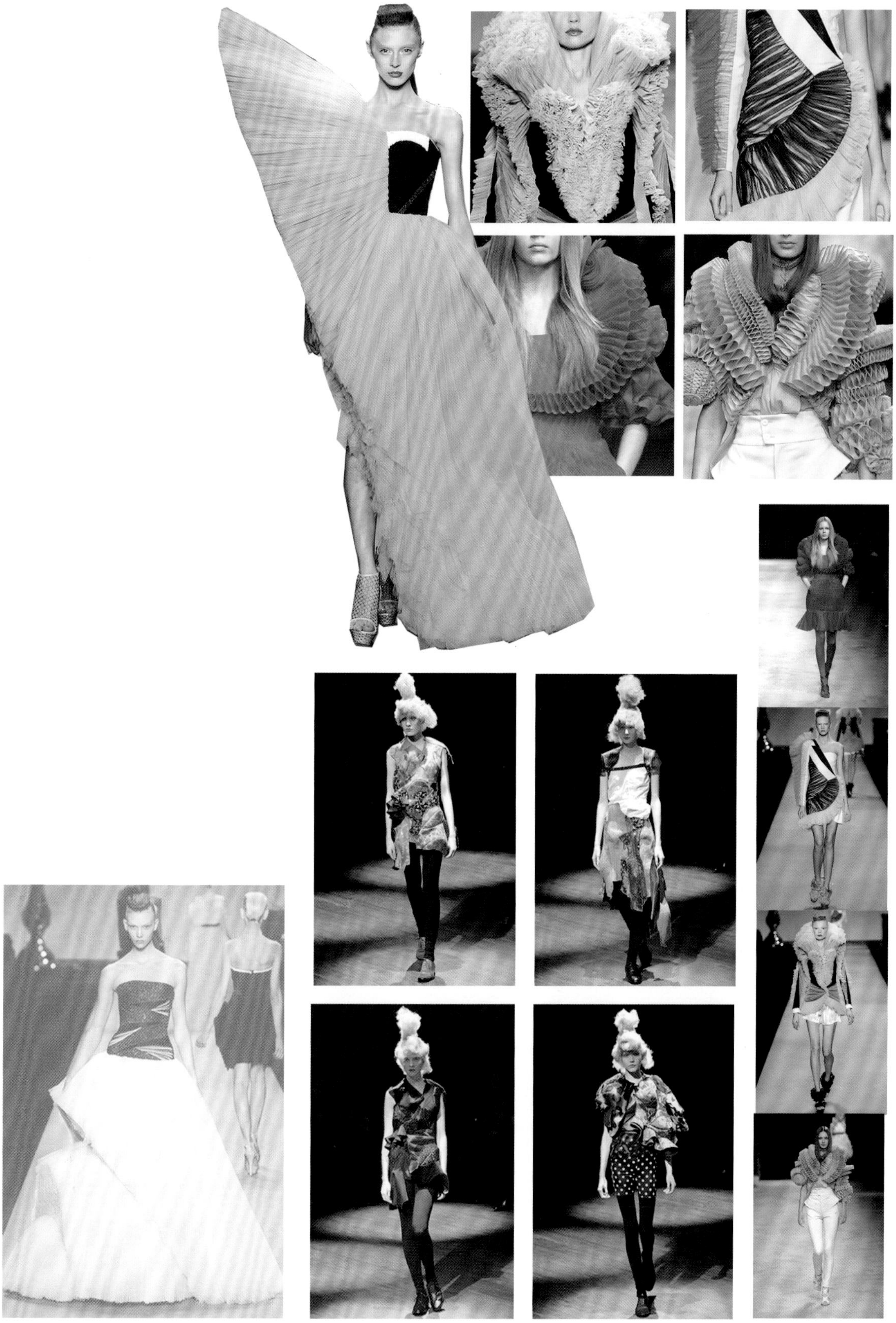

图3-26 时装周作品中的堆砌手法

设计师通过堆砌营造出体量感与膨胀感。

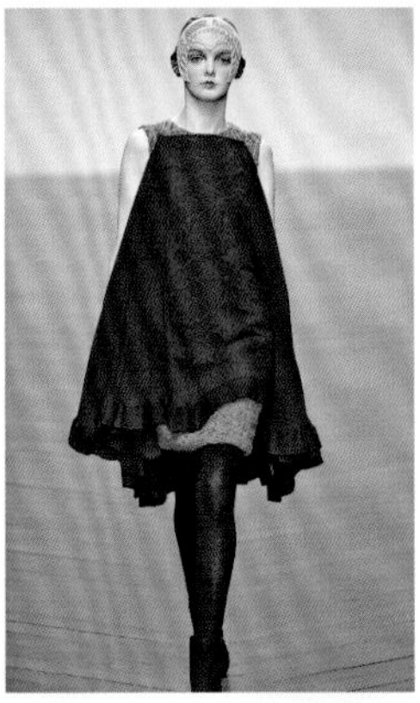

图3-27　时装周作品中的层次处理

设计中的层次可以通过不同途径获得且类型多样，如：里外的层次、上下的层次、叠加产生的层次等。设计师可以通过分明的层次来创造形式感。

总之，设计师应当从设计元素中找到如何处理结构与工艺的灵感和依据，尤其是设计元素中的形式图案，往往可以和服装的结构线、款式变化或面料结合起来，成为设计探索的依据。

第三节　服装设计中的形式

如何安排设计元素，使得它们能在服装上呈现出较好的视觉效果，这涉及形式的问题。服装表面每一个部分、环节都有比例、大小、秩序、节奏、强弱等关系，如何有效地进行安排和协调，是我们在做设计的时候需要重点考虑的。对形式的安排与推敲，将直接影响视觉的呈现。优秀的形式安排会带来良好的视觉效果。

一、常用的服装形式

1. 中心焦点

这是一种比较具有冲击力的形式安排，将设计元素置于中心部位，形成视觉焦点，能在第一时间吸引眼球。采用这种形式时，往往伴随发散、辐射等辅助的形式安排，以增强视觉效果（图3-28）。

2. 发散和重复

发散和重复都是能快速增强视觉感受的形式安排，特别是规律的排列能得到强烈的形式感（图3-29）。

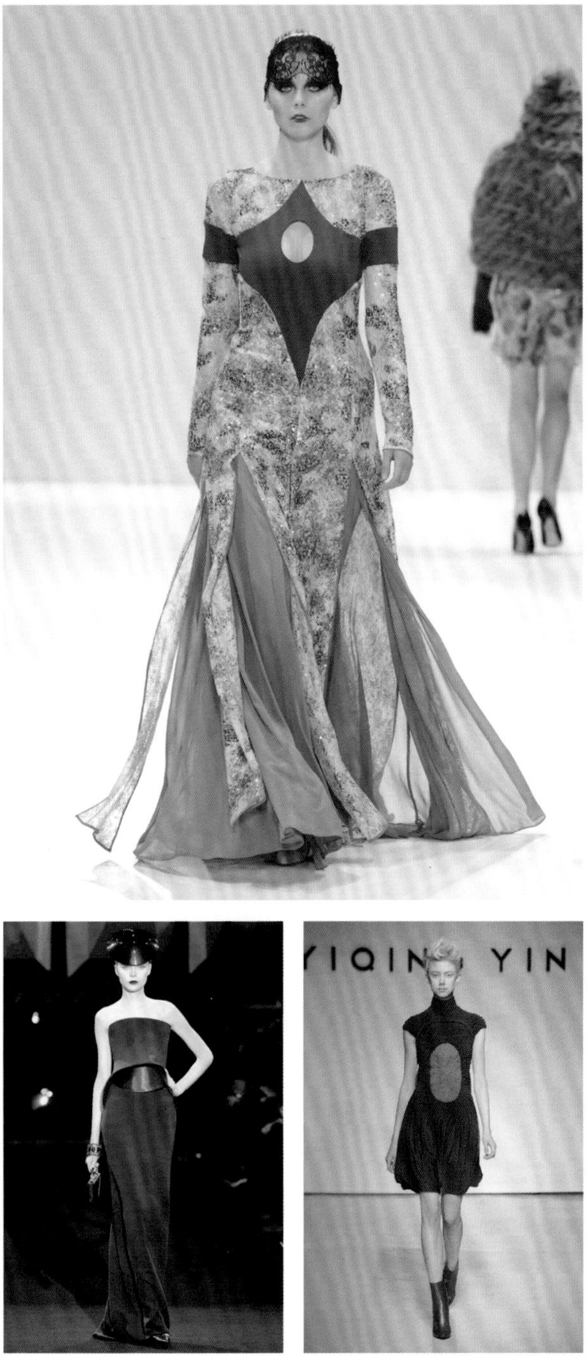

图3-28　时装周作品形式——中心焦点

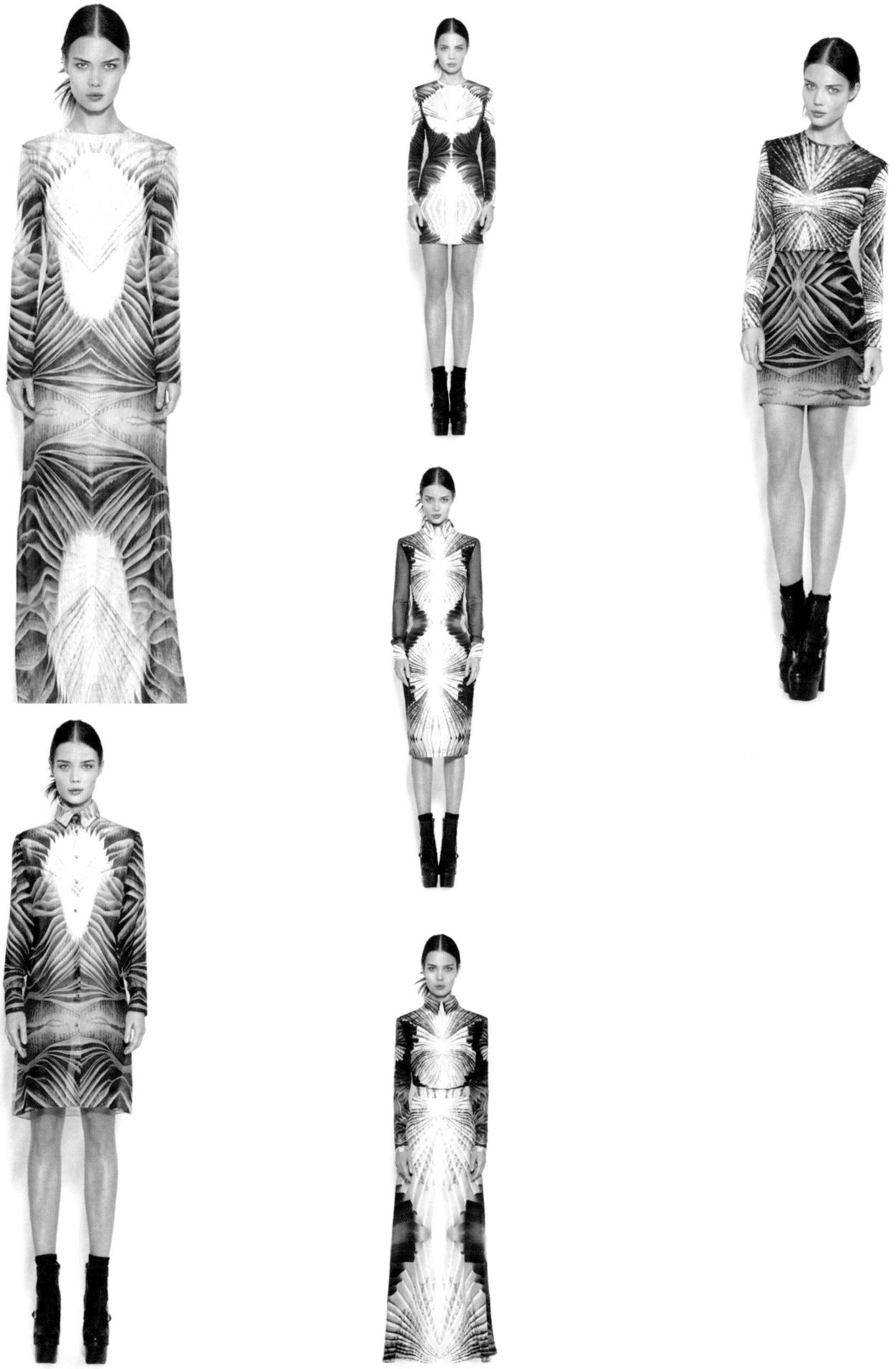

图3-29 时装周作品形式——发散和重复

3. 对称

对称的形式安排能产生平衡的美感。对称的形式有很多种，如中心对称、上下翻转对称、旋转对称等。对称的形式在建筑设计领域体现得比较多。采用对称的形式，由于造型均衡，故能使人产生内心的稳定感（图 3-30）。

图3-30 时装周作品形式——中心对称

4. 秩序

按照一定的方式进行安排，会令人产生秩序感。秩序可分为两类：有规律的秩序和不规律的秩序。前者是按照某种方式进行顺序排列，能增强其形式感，获得规律的美感。后者则是打破固有的秩序，另辟蹊径，以求获得无序所带来的独特美感。应注意，所谓的无序其实也是很有讲究的，因为打乱了顺序，所以更要讲究其中的对比关系，力求从不平衡之中寻求平衡的形式美（图 3-31、图 3-32）。

图3-31　有规律的秩序

有规律的秩序具有较强的形式感，常常运用于现代设计中。

图3-32　不规律的秩序

不规律的秩序在形式排列上具有灵活的视觉效果，因为不规律，所以在具体设计中更讲究疏密和虚实的安排。

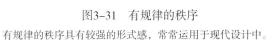

图3-33 服装中的虚实关系

二、服装形式中的关系

1. 虚实关系的应用

正所谓艺术只有形式的区别，其中的审美法则、构成规律、思想内涵都可以是相通的。虚实关系在绘画艺术、雕塑艺术、影视艺术中被广泛应用。在绘画作品中，对整个画面的把控涉及虚实安排；在雕塑作品中，需要通过虚实关系衬托主要部分；在影视作品中，每一个镜头语言都是一副完整的画面，而影视情节上线性的发展则需要通过虚实安排来表现，增加节奏感。在服装领域，精妙的服装结构与无结构设计之间是最能体现虚实关系的，如刻意人为与无意、放松的设计存在虚实对比关系（图3-33）。

2. 对比关系的应用

对比是一切艺术形式通用的手法，如果能运用好对比关系，那么在视觉表现上就能处于积极主动的位置。随时保持建立对比关系的意识，将有助于增强作品的形式美感，从而提升视觉效果、优化设计。

常见的对比关系有：色彩对比、面积对比、材料对比、疏密对比等。

色彩对比通常包含有彩色和无彩色的对比、对比色之间的对比等，以产生强烈的视觉效果（图3-34）。面积对比则涉及比例关系，在服装设计中不仅应考虑面积的大小，还应考虑相互之间的比例。若面积相等，会产生重复、均等的节奏感；若面积不等，则产生视觉上的相互关联和对比。加大面积大小的对比关系，会有效增强视觉效果（图3-35）。材料对比则是通过不同质感的材料并置，达到冲突或强烈的对比（图3-36）。疏密对比在服装设计中的应用同样广泛，可以表现在面料的褶皱、服装的分割、装饰物的安排等细节里。在传统国画中，同样讲究疏密关系，比如笔触与留白在画面上形成的反差，浓墨淡彩与寥寥数笔也是疏密关系的一个表现，而在画法上讲究“密时密不透风，疏时疏可走马”，这是强调通过加大疏密对比来增强视觉美感的重要性。在服装设计中也是同样的道理，合理的疏密关系将是增强视觉效果的制胜法宝（图3-37）。形状对比往往存在于造型款式、服饰配件、服装分割线等方面。

图3-34 服装中的色彩对比

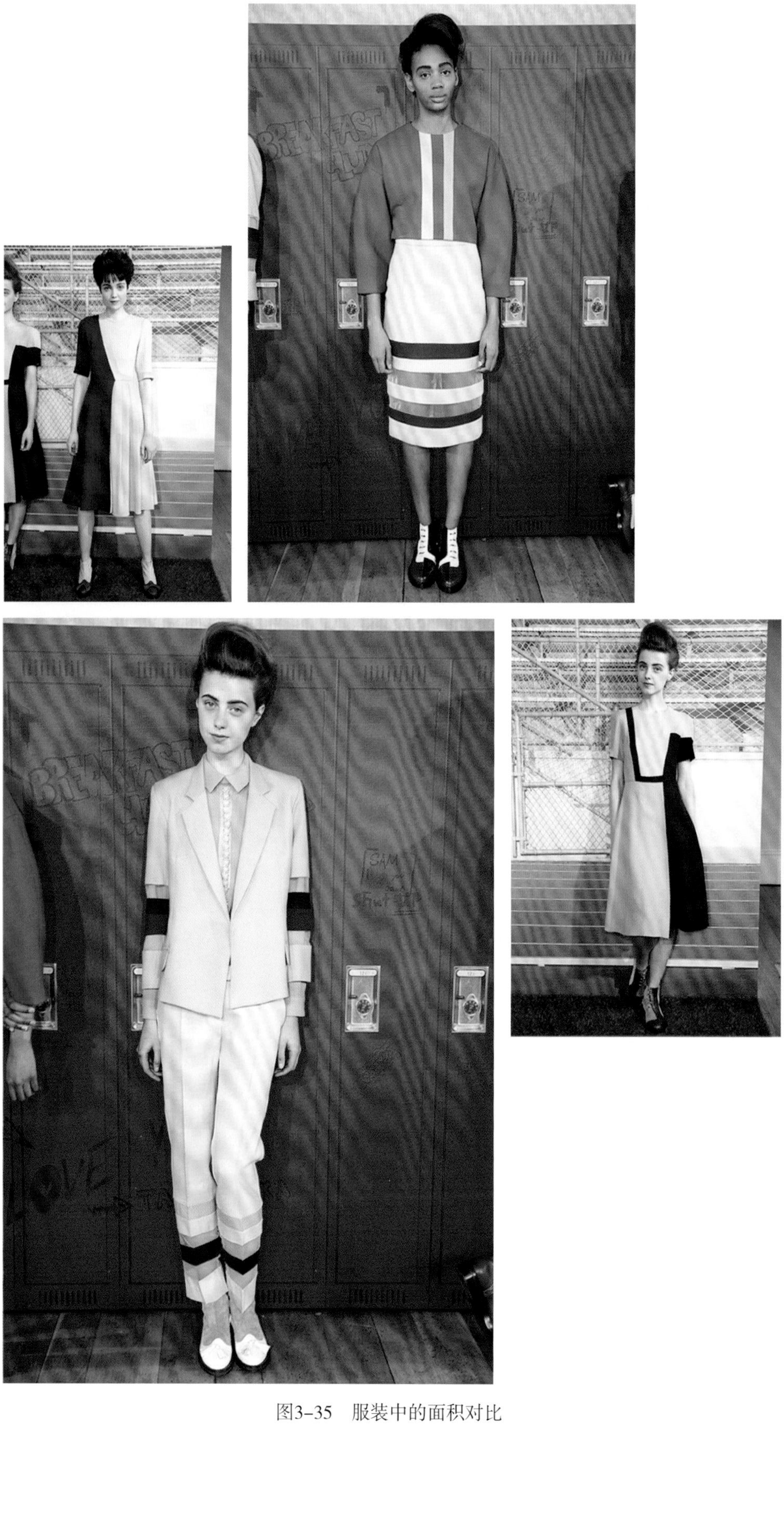

图3-35 服装中的面积对比

图3-36 服装中的材料对比

图3-37 服装中的疏密对比

第四节　服装造型创意

大部分时候我们习惯于用纸笔开始我们的设计，再根据图纸利用平面裁剪或是立体裁剪完成服装的板型和样衣的制作。但在这个过程中往往会出现图纸和实物之间的一些落差：有时候图纸的二维表达看起来很丰富，但在真正实施的时候却发现在三维的人台上效果不尽如人意。这既缘于设计者经验的欠缺，也体现了图纸表达存在某种局限。毕竟人体是360°全面的展示，设计时不得不考虑到前后左右、静态与动态的关系。

另外，有些造型很难在脑海中想象出来，如：面料褶皱带来的造型变化，省道转移或是加量所带来的服装结构、层次和廓型的变化。

所以在确定设计方向之后以及图纸绘制之前，做一些造型训练是非常有必要的，这可以让我们具备三维的概念，并且熟悉面料的特性。训练可以从基础板型开始，尝试省道变化带来的新的造型，也可以增加附加结构或加量，让设计能有更多的尝试空间。还可以通过立体裁剪，利用人体周围的空间去塑造面料，体会面料的褶皱、牵扯、悬垂、叠加等带来的感受。

在设计时，应随时用速写本或相机记录下人台上的造型，因为我们常常在不经意间就会做出非常出色的造型创意，并在设计之中有效地运用它们（图3-38~图3-41）。

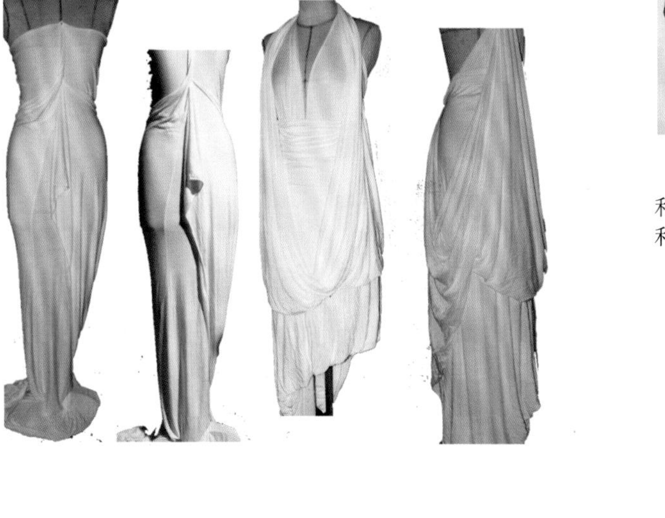

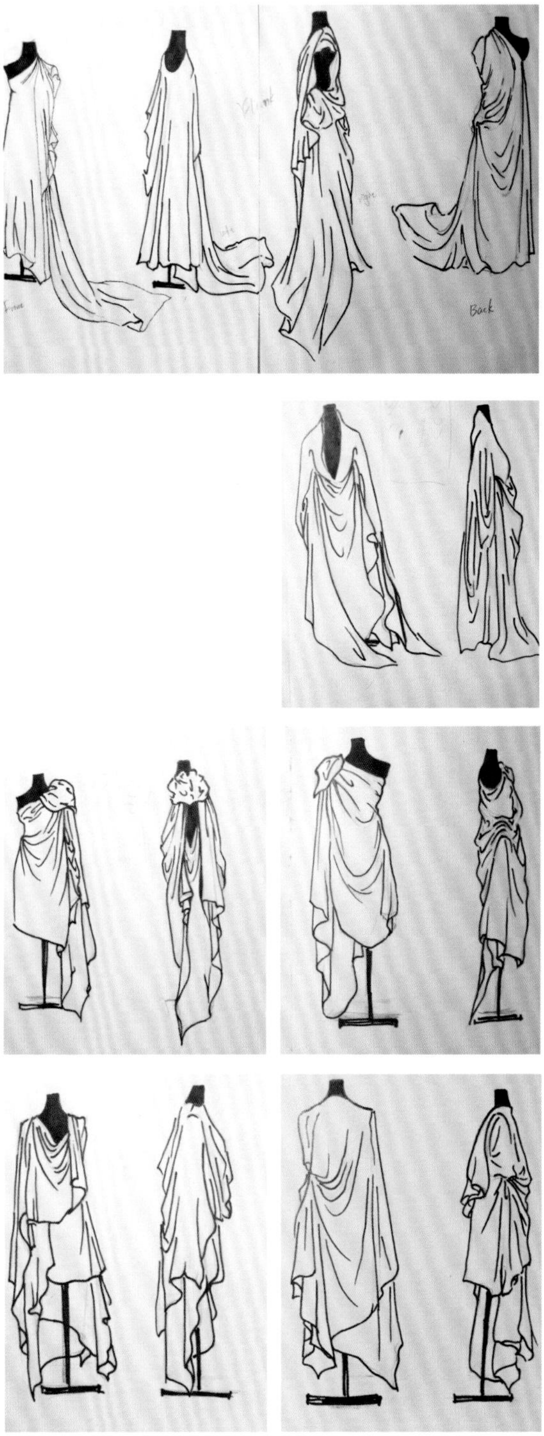

图3-38　造型训练　学生作品（1）

利用一块3米长的白布，进行造型创意训练，在训练中充分利用弹力面料的特性营造褶皱的面料语言。

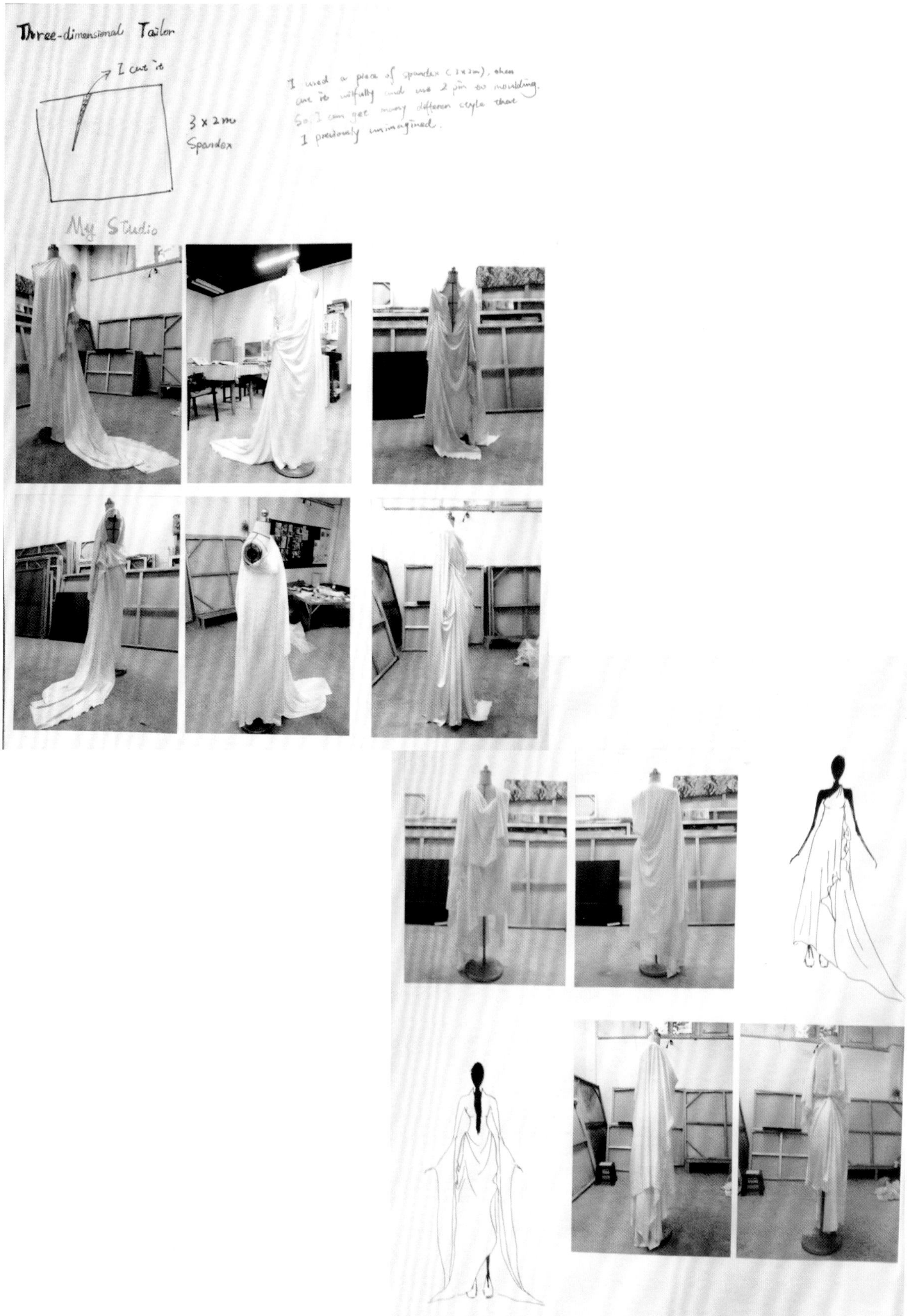

图3-39　造型训练　学生作品（2）

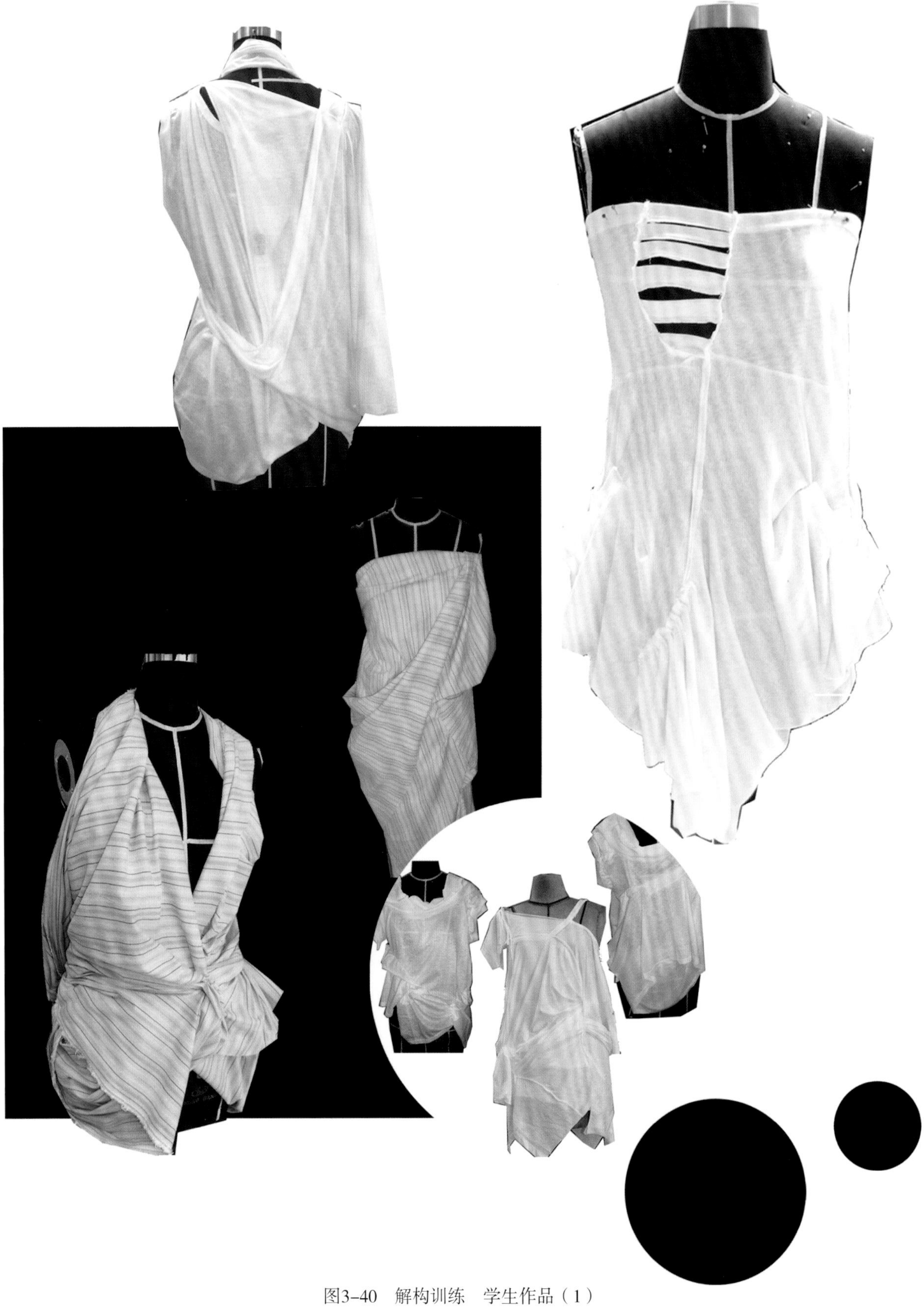

图3-40 解构训练 学生作品（1）

利用一些基本服装结构，如T恤、衬衫等，随机破坏之后重新组合，形成新的结构。在造型创意过程中去体会面料语言的变化。

图3-41　解构训练　学生作品（2）

NO.4

第四章 系列的贯穿与延伸

DESIGN

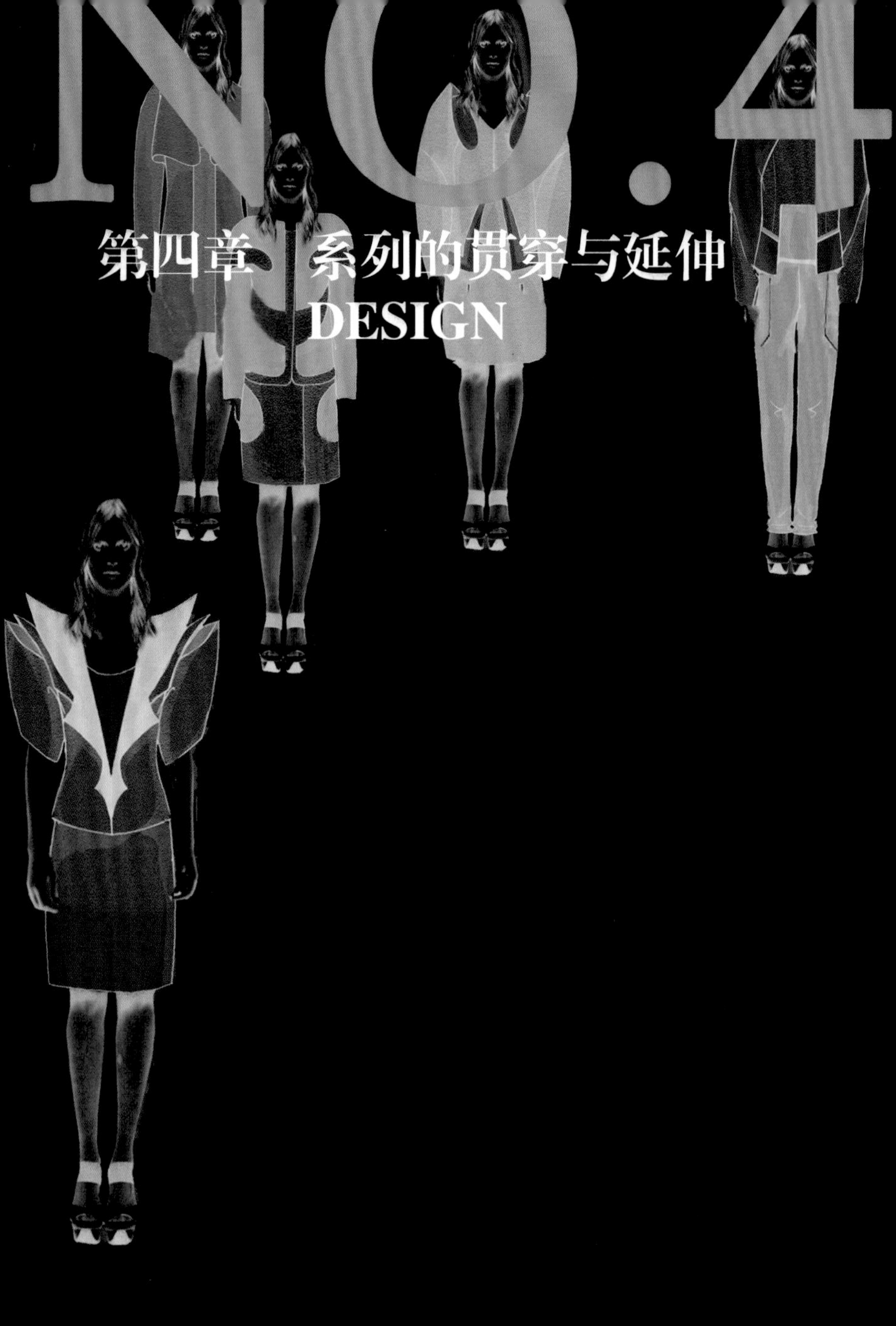

第一节　服装设计图——系列成型的第一步

第二节　细节在时装中的体现

第三节　系列的贯穿与延伸

第一节　服装设计图——系列成型的第一步

我们这里谈到的服装设计图，其实有很多种，如时装画、效果图或者时装草图等，虽然风格、技法以及表现手法各有不同，但都是对服装的某种表达。从时装草图中是最容易看出设计师的个人特征及绘画风格的，手随心动，随笔的勾勒不一定精确完整地表现设计师的想法，却可以快速抓住脑海中的灵感。

如何将头脑中的概念变成具体的服装款式，脱离服装设计图是不可能实现的，可以说服装设计图是构思成型的第一步。初期，可以绘制时装草图，与时装画不同，时装草图要求的是速度、清晰和精确。灵感稍纵即逝，应在短时间内将自己的想法用草图的形式表现出来，如果时间允许，可以用手绘与电脑相结合的办法进一步细化、精确（图 4–1）。

图4–1　系列成型的第一步

构思成形之后，通过草图的方式确定款式，再利用电脑后期处理形成最终的彩色着装效果图。

画效果图时，需要构思不同的可能性，并在画图的过程中反复淘汰和改进，这个过程很关键，我们看到的完整效果图往往是经过多次的删改后形成的最终效果。

最终的效果图与前期的草图相比，最终的成品显得更加精确，并且作为将思维转化为平面的成像，效果图对之后的服装制作有着很重要的指导作用（图 4–2）。

一、 用设计图明确款式

与天马行空的时装画不同，效果图是直接将服装款式反映在图纸上的，所以要求绘制的服装款式最好与最终款式一致，这样可以达到更直观的效果。

电脑绘制效果图通常需要较长时间，一些手绘难以达到的效果可以通过电脑实现。可以细致地描绘细节与款式。

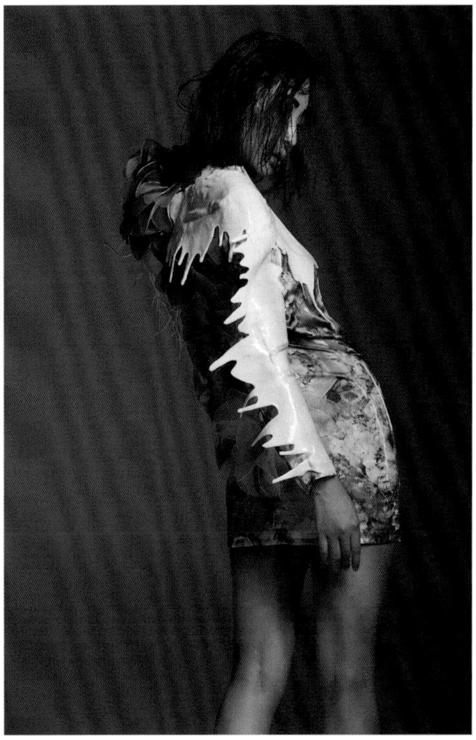

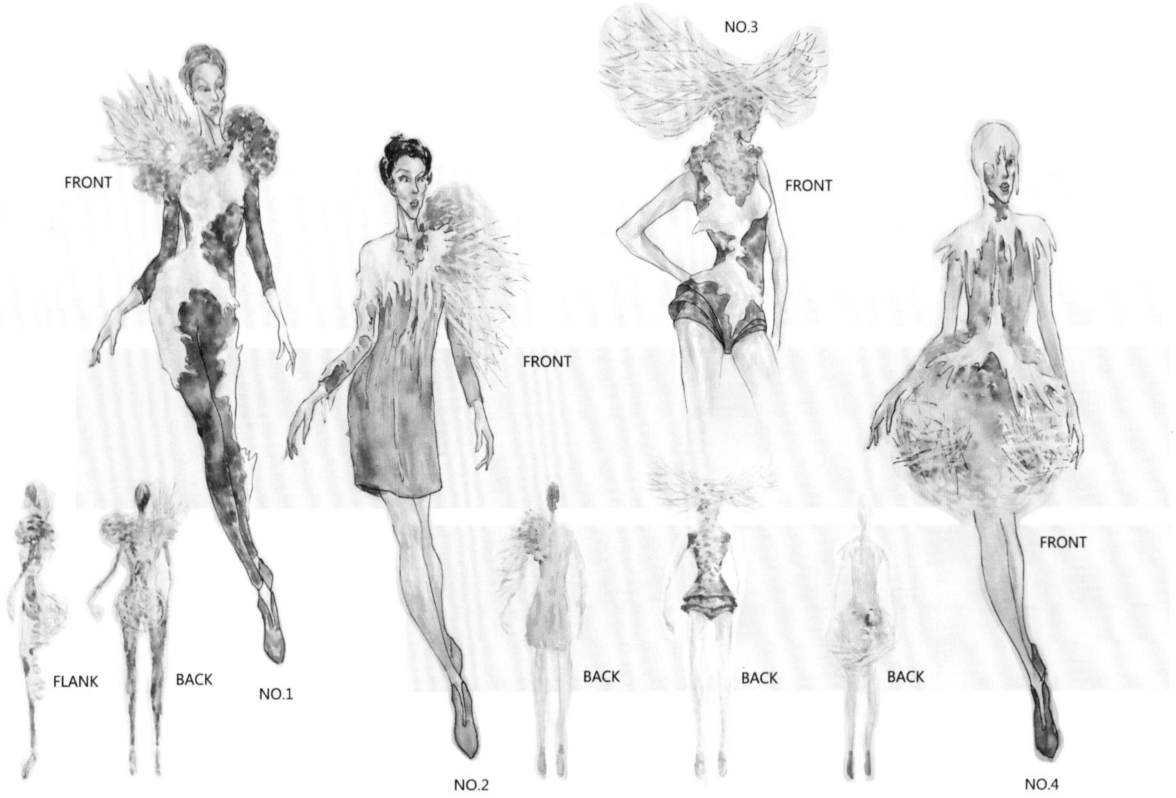

图4-2　手绘彩色效果图　作者：罗杰

设计师初期对服装构思比较明确，绘制的设计稿完整清晰，对之后的服装制作具有具体的细节指导作用。

设计一个成熟的系列，需要绘制大量的草图，通过筛选和完善，再绘制最终成型的效果图。在艺术院校中通常没有对系列中的单款有过多的要求，往往是偏重创意大过搭配。但对于一名成熟的设计师而言，一个完整的系列中应当有叫好又叫座的可搭配单品，这样才能取得商业上的成功。所以在我们为系列中的创意做大量努力的同时，也需要一定的务实精神，将创意贯穿到外套、大衣、裤、裙等单款中去。从另一方面来讲，这也是为以后的工作提前做准备。

在草图完成之后，进行制作整理是绝对必要的。设计师对草图进行最后的修改之后，设计才算基本成型。当然这里面也需要对色彩节奏、面料、主题展示、廓型、细节及设计卖点等进行把控。同时还要注意系列中的单件的可穿性(图4-3、图4-4)。

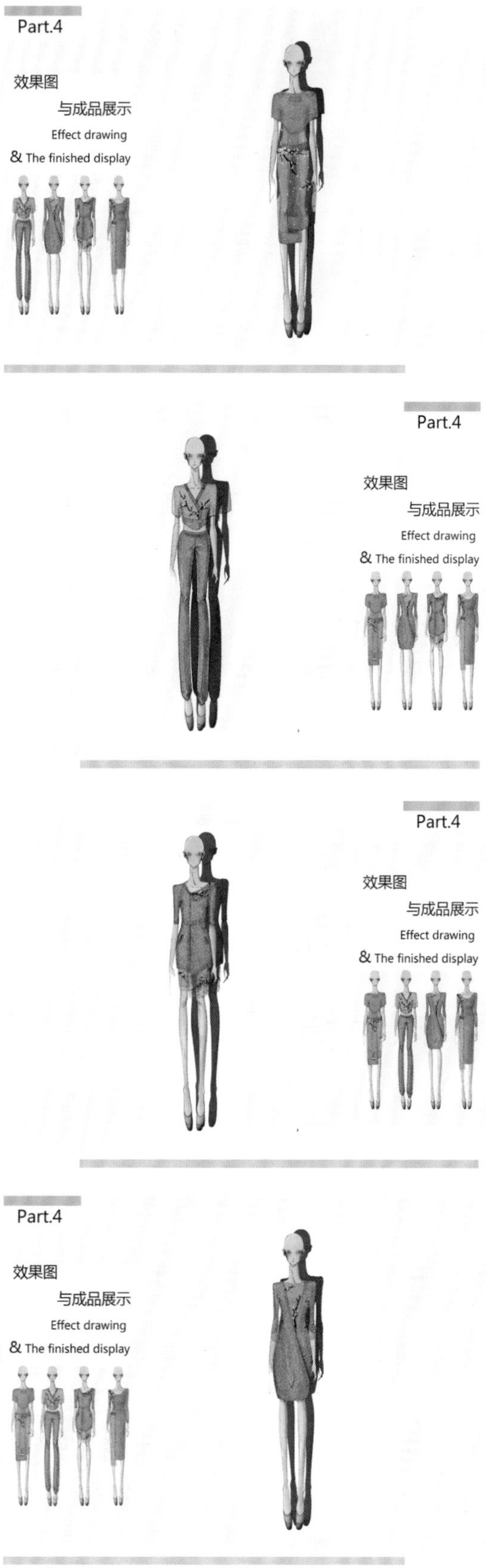

图4-3 《桃夭》效果图 作者：香博文

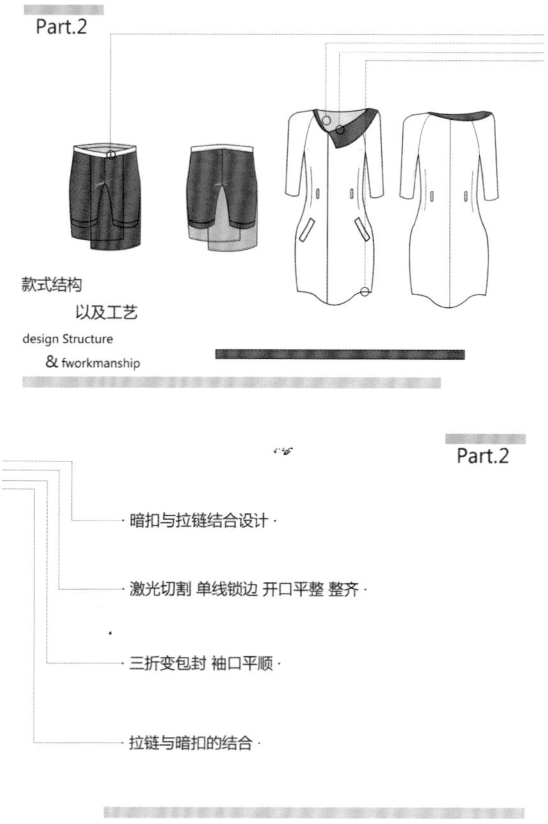

图4-4 《桃夭》细节设计与说明 作者：香博文

二、用设计图来表现概念

成熟的设计图不仅可以展示产品系列中的款式，也能传达系列设计的概念。在设计中常常用到效果图，它不仅仅是单纯的绘图，也是系列设计的重要环节。如图 4–5 所示，设计师所要表达的是一种极简而带有穿插感的、冷色调的视觉效果，通过效果图，我们不仅对款式有了一个大概的了解，也可以从中感受设计师的用意。概念明确、表达清晰完整的效果图可以对之后的系列设计起到指导和规范的作用。

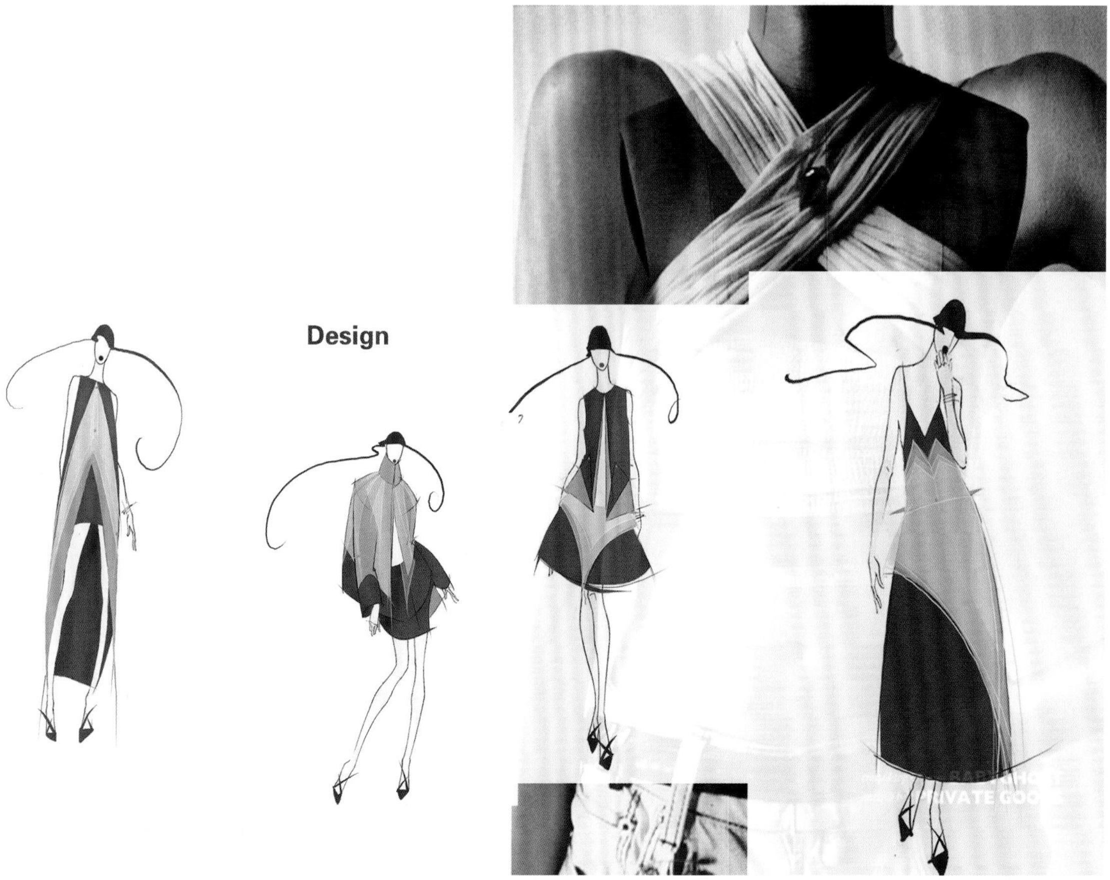

图4–5　灰色极简风格的效果图

在这次系列的设计中，构想了简单、不失趣味性的服装廓型，利用服装内部分割线解构重组，不刻意强调女性腰线、背部线条、手臂线条、腿部线条、甚至肩线，而是尽量展现服装和人体的巧妙结合，表现整体形式的趣味、简约、大方、有看点。

第二节 细节在时装中的体现

一、 面料处理的细节

正如之前的章节里所提到的，设计可以从任何一个点开始。如由外而内的廓型借鉴，或者由内而外的风格体现，这些都是行之有效的方法。从视觉的角度上来讲，一个成熟的系列应当有重点，包含丰富的细节和多样的廓型。可以将简洁的、具有经典造型的设计，与富有细节、精心雕琢的设计相搭配。图 4-6 是一个关注微观设计的系列设计。设计师强调女性细腻的情绪，对微观细节有不同层次的解读，如在廓型上，选择简洁而柔和的线条，打破以往对于夸张廓型的追求，转而强调时装的实穿性；在面料上，通过对面料的精心处理来表现细节，同时选用欧根纱、聚酯纤维面料、网纱、亚麻布等不同质地的面料进行协调搭配，从而达到一种温婉自然又不失时代气息的视觉效果。

设计师在选择面料时必须考虑各种因素，例如面料的处理工艺、功能性、美观性和成本。在系列的服装制作中，了解面料所具备的特性和如何把面料更好地运用于人体都非常重要。优秀的设计师往往对面料的特性有着深刻的理解，懂得如何运用这些面料达到最佳的设计效果。

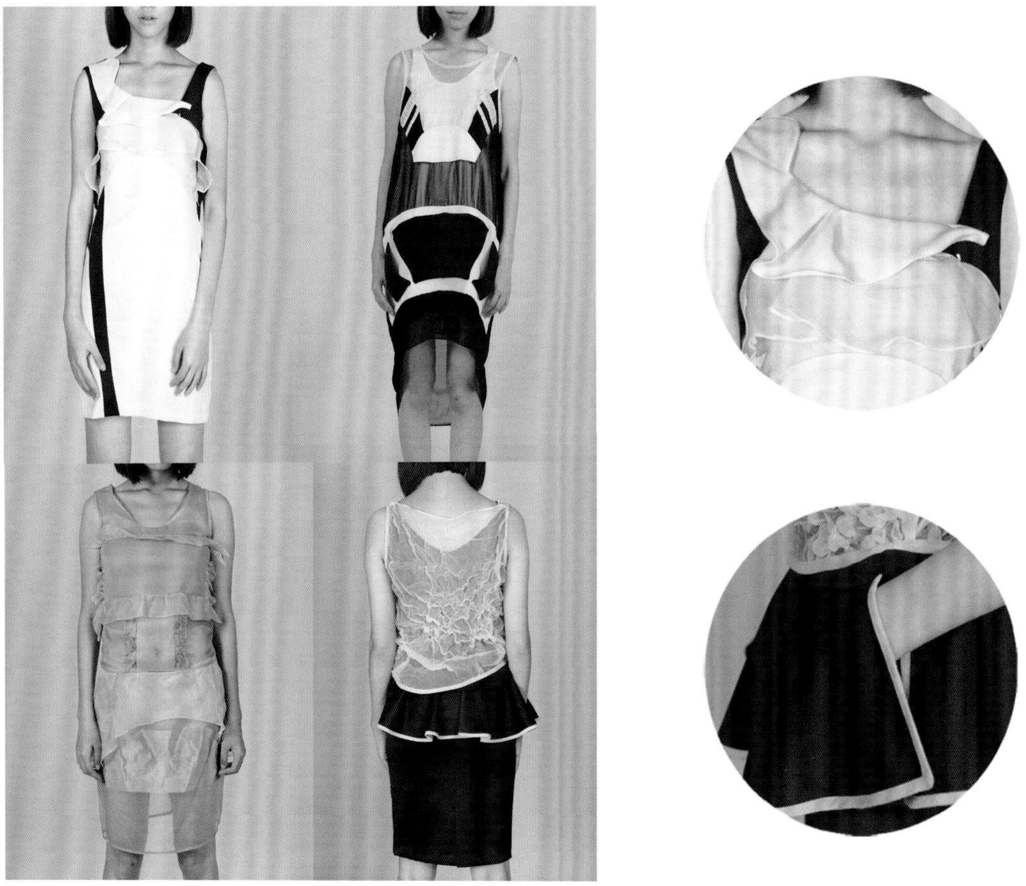

图4-6 *Lonely Person* 作者：张缈

作者注重细节和面料搭配，根据不同的面料特性进行不同的处理，形成一种细腻的风格。

二、工艺在服装中的体现

正如面料对于服装设计很重要一样，工艺在系列设计中也很重要，常常起到再设计的作用。服装的工艺包括裁剪、缝制、印花、绣花、合片、钉扣、锁眼、剪线头等，可以使服装设计更美。工艺的制作美，也是服装整体美的一部分。服装的设计理念、材质面料的美感，都需要工艺来体现。工艺是服装设计的一个重要环节。一件质感好的服装，一定有着高品质的工艺基础。设计师必须了解相关工艺，尤其是缝制工艺的整个流程，在设计初始阶段就开始考虑细节的工艺处理方法，并通过工艺来拓展设计的创造空间(图 4-7)。

不同的面料在拼装和缝制时会有不同的要求，尤其是品质较高、比较成熟的成衣，工艺的细节就尤为重要，即使表面看不见的地方，也要求制作精良，故设计师应加强对工艺的学习和掌握。

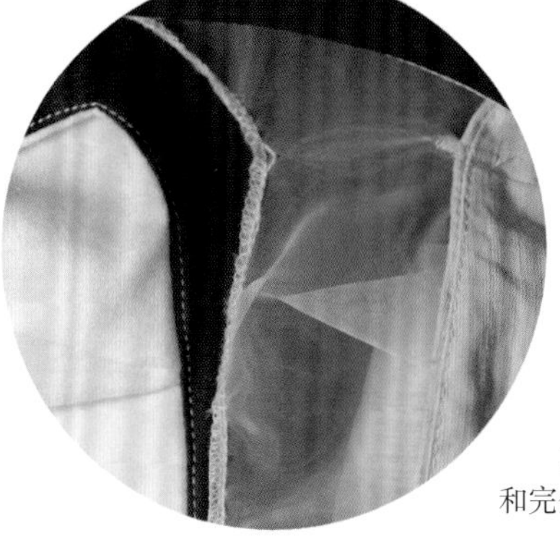

1. 服装内部锁边的效果和完全隐藏缝份的效果。

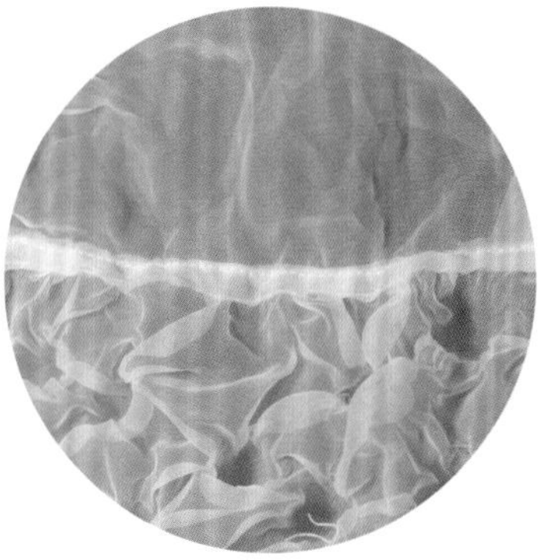

2. 隐藏缝份的做法。

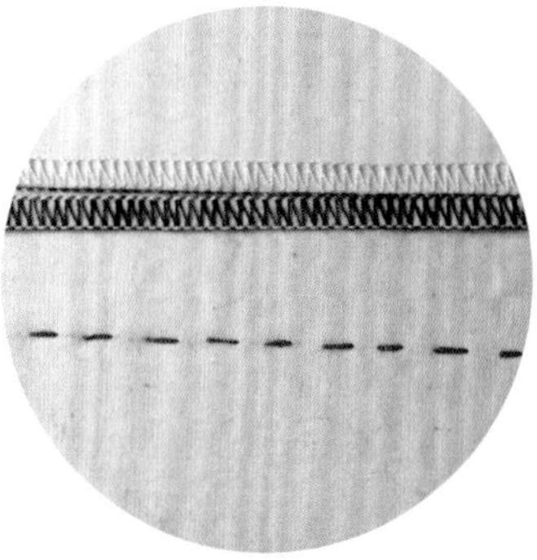

3. 不同颜色的锁边。

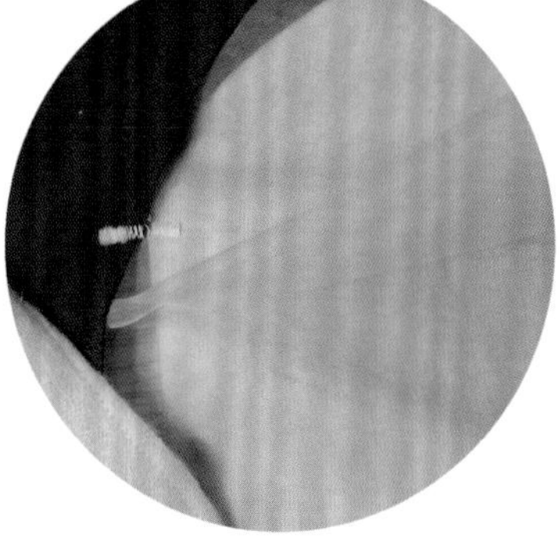

4. 采用细密针脚固定面料的做法：

在细节处理中，设计师运用了化纤面料的受热可塑性，采用捆扎、热处理的方式，将平整的化纤面料处理为褶皱与立体圆点的效果，运用成熟的手法将创意不露痕迹地运用于时装中，形成更为个性化的视觉效果。

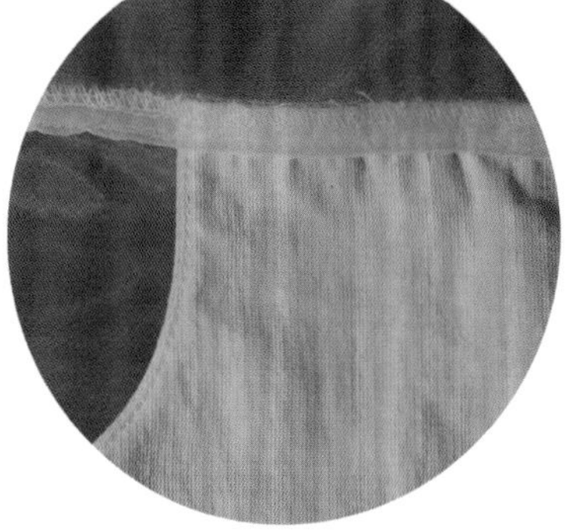

5. 根据设计的需要隐藏锁边。

图4-7 服装工艺细节展示

第三节　系列的贯穿与延伸

一、系列设计的流程

在系列创意时装成形的过程中，设计师们应当遵循创意设计的流程。从获得灵感、启发概念、调查收集开始，逐步到确定主题、面料选择与设计、绘制草图和效果图、反复修改完善直至最终确定。有时，还需要制作板型、样衣和成品。在整个过程中，应当至始至终有条不紊、重点明确。

通常，系列设计需要具备连贯性，即系列的贯穿，成熟的设计师有能力将各种细节、色彩搭配、创意和工艺以某种方式成功地结合在一起。但创意点在商业性和艺术性上往往有不同的体现。

成衣系列的连贯性体现在服装风格与搭配的相似，比如某品牌的设计师会倾向于采用潮流性比较强的风格和面料，同时，也要考虑其商业的特性，必须保持其可穿性。

如何做到一个系列的统一？其实并没有明确的规则。但完整的系列却总是能让人一眼就看出来，因为从视觉上看，整体性的东西都有一定的规律，而制定规律者的功力越高，最终的系列也就越成熟。为了方便初学者更好地理解系列的完整性，掌握系列设计的方法和流程，在此，我们以一个设计案例进行说明（图 4-8~ 图 4-13）。

创作主题：反重力

我们似乎在挣脱于某种力量，以找到更新的自己

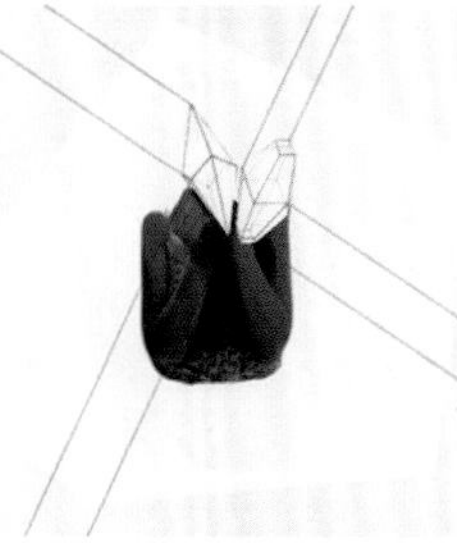

论文题目：
“反重力”在服装设计中的应用

创作主题“反重力”：
第一，意在表达对过去已有事物认知与知识结构体系的打破，在创作中寻求表达自我诉求和自我革新超越的愿望。
第二，是一次对服装廓型的反向思维与解构主义相结合的尝试。
我希望通过服装作品使大家看到的是一种“自我、逆上、科技”的意识形态。也许颠覆过去的认知和理念并不容易，但是渴望追逐未来，故摆脱局限的“枷锁”是这次主题的内涵所在。

图4-8　设计的前期调查与准备
作者：余秋雨

作者做了大量前期准备，前期的准备工作越充分，对于确定主题、表达主题就更有把握。

草稿

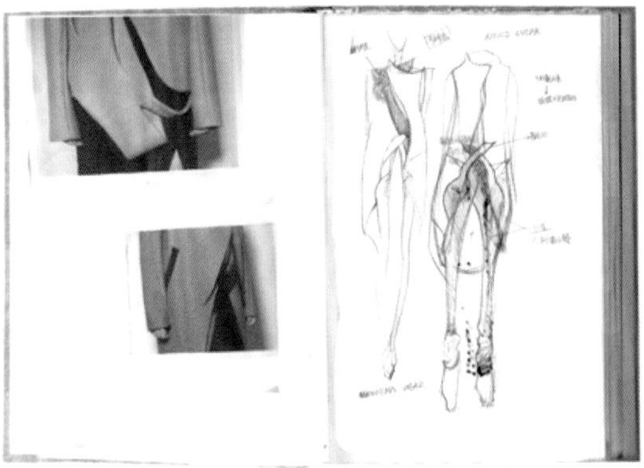

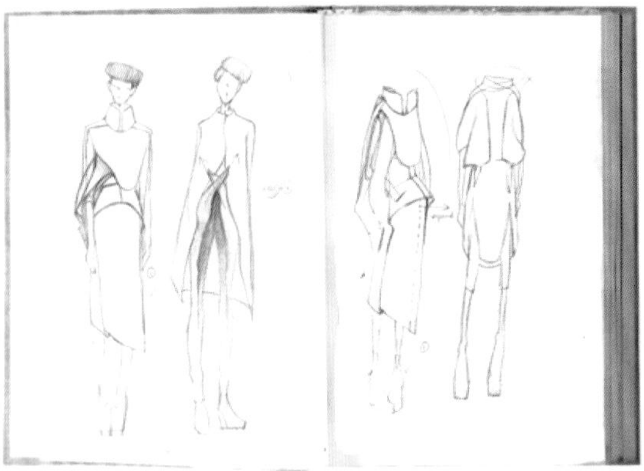

根据前期的调研，初步可以定出服装廓型的方向面料和相应的细节要素，如简约廓型、流线型线条语言以及穿插于服装结构之间的逆行向上的设计语言细节。

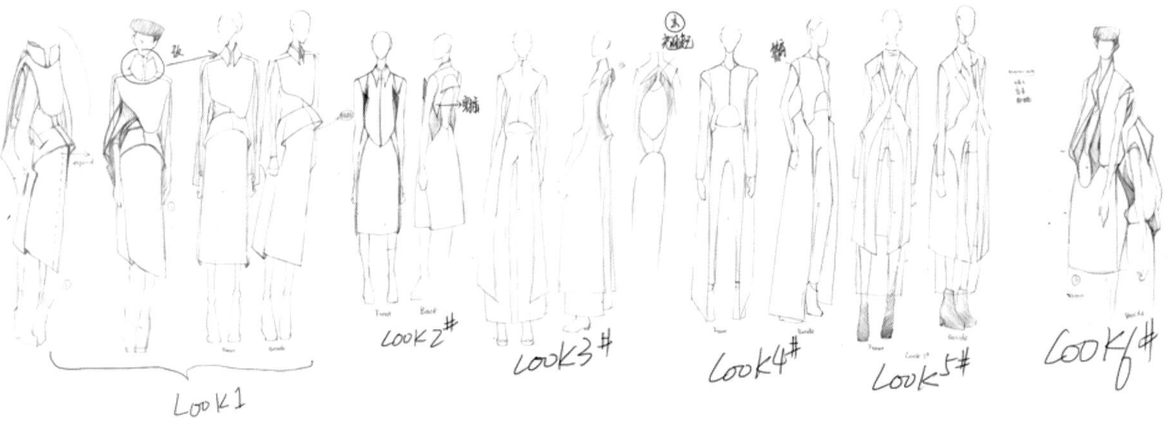

首先是对主题、关键词、基本造型的概括和提取，以简单的外在廓型为主，如A型、H型。整体服装以长款为主导，表现出高挑、力挺的感觉、在设计中，重点考虑服装侧面的造型，这往往是被忽略的地方。

图4-9　草图　作者：余秋雨

在完成最终的效果图之前，需要花大量的时间勾勒、绘制草图，在草图阶段进行删改是很正常的设计过程。

面料

选用面料需要深思熟虑，考虑造型本身需求的效果，将最适合自身风格的面料进行搭配处理。这里选用毛呢是因为毛呢本身具有厚重感，有助于服装造型的立体化，呈现建筑风格的特征，同时也可以衬托PU金属质感的皮革面料。
选择PU面料和自然织物毛呢面料进行搭配，这是一种新的尝试。它们之间的碰撞结合，看似矛盾，但是通过把握比例关系，可以将它们和谐地组合搭配起来。

图4-10　面料搭配　作者：余秋雨

通过对不同质感的面料进行选择、反复搭配，得出最后的效果。

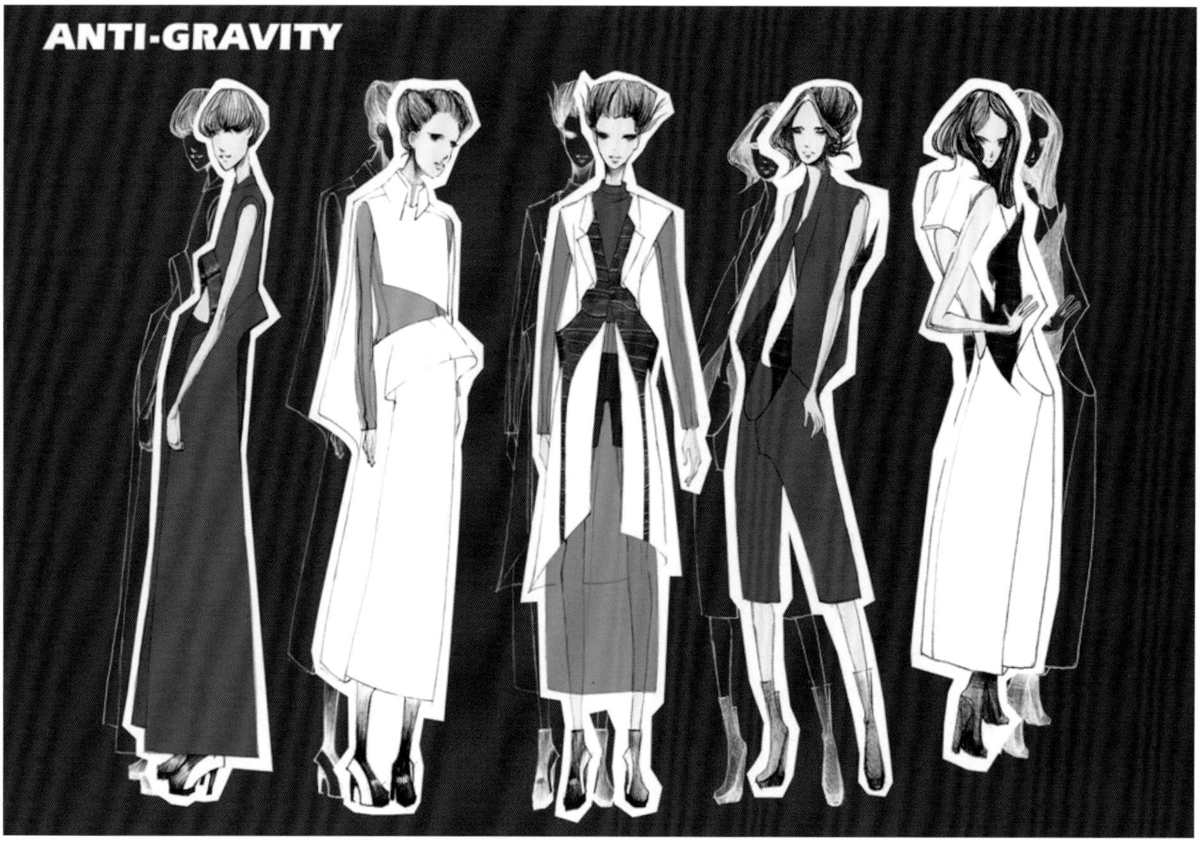

图4-11　效果图　作者：余秋雨

发展进度

第二件样衣

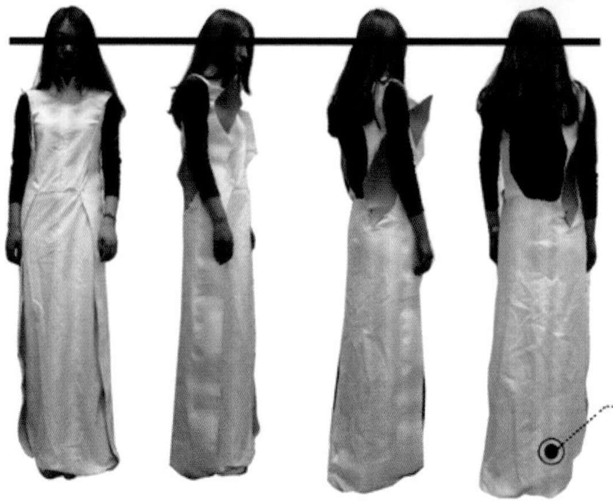

裙长过长，需要减适当的长度

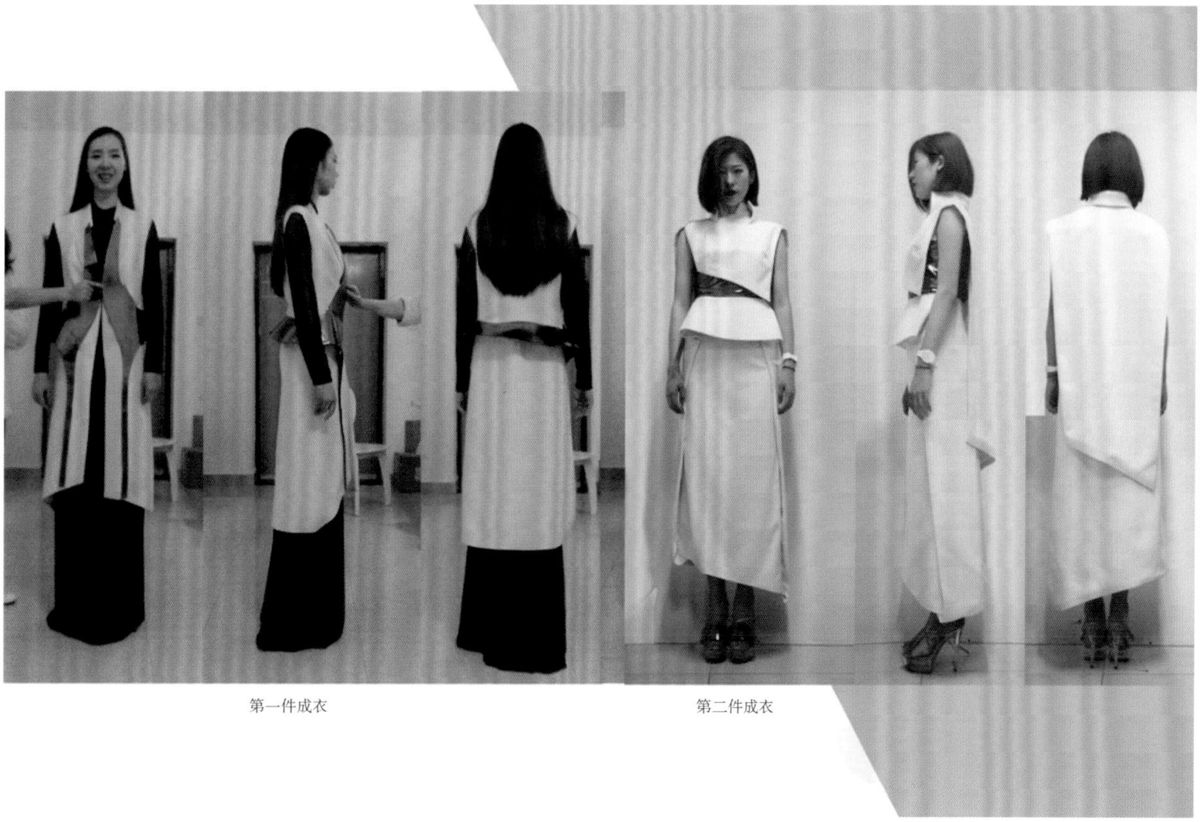

第一件成衣

第二件成衣

图4-12 最后的调整 作者：余秋雨

在制作过程中还可以进行调整，由此确定最终的样板和工艺。

图4-13 最终作品呈现 作者：余秋雨

最终的服装还要与摄影结合，寻找合适的表达方式，棚拍或者外拍，灯光，环境等都是要考虑的因素。

由图 4-8~ 图 4-13 我们可以看出一个非常系统而且相对完整的过程，即从最初调研到设计稿的形成，再到修改板型和样衣制作，直至最终的作品呈现。所以，一个完整的系列不是我们在时装秀上所看见的那么简单，前期的调研和期中的大量繁杂的工作是完成一个完整系列的重要保障。而一个完整的系列往往包含了：相似的面料搭配、有关联性的色彩、统一的造型轮廓以及完整的情绪表达等。

一、 系列面料

统一的风格、相同的面料材质、同一细节的反复利用以及同种色系往往可以很轻易地延伸出一个完整的系列。正如之前的章节里所提到的，将各种各样的想法理顺的过程就是调研，而将各种各样的面料恰如其分地融合为几套甚至几十套的服装，就可以创造一个系列。

一个系列里往往包含着几种到十几种不同的面料，而设计师需要做的是将面料转化成一种语言，一种可以表达、阐述设计师想法的语言。

不同的面料本身就含有一定的情绪。比如雪纺、欧根纱一类的软性面料，很自然地就可以营造出比较精致、浪漫的情调。而各种不同质感的真丝也可以塑造出高贵、冷静、含蓄等风格。深入读懂面料，同时很好地利用各种面料不同的特性去塑造自己的系列，是需要长期积累并持续锻炼的。

如图 4-14、图 4-15 所示，从廓型上看这是一个简单的系列，但其实在面料处理上有很多的细节，使人感受到服装的整体比较细腻、完整。

在这个名为《姿态》的系列中，设计师通过各种分割，将黑色、粉红色等区域分开。作品中黑白占了主导地位，粉红色的配饰点缀其中。此外，可以看出这个系列主要是由面料的拼接、厚薄的对比以及错位的褶皱为主要构成。一个系列中通常会使用相同或相似的一些面料与细节以重复叠加的方式，达到一个个独立而又具有整体感的造型。

图 4-16 这个系列虽然采用了不同色彩的面料，但质地相似，并且采用了轻柔的褶皱这个细节贯穿整个系列。同时，设计师将相同的曲线型褶皱通过疏散和密集的手法自然地运用到不同的款式中，获得了相似的廓型和细节，使整套服装具有贯穿性和系列感。

二、系列廓型

在展示系列时装时，设计师会反复强调相似的廓型来体现一个系列。实现廓型的途径有多种多样，可以通过外形、面料、布局、比例等方式来实现。一个明确的廓型会让整个系列完整并具有凝聚力。在廓型中一直有诸如 A 型 、H 型、Y 型等的划分。

1. 外部的廓型

它是服装款式造型的第一视觉要素，是服装款式设计时首先要考虑的因素，其次才是分割线、领型、袖型、口袋型等内部的部件造型。轮廓是服装流行发展中的一个重要因素。它进入视野的速度和强度都高于服装的局部细节。通过廓型，可以明显看出单款与系列之间的联系。如图 4-17 所示，设计师用极简单的廓型演变出不同的款式，使整个系列给人的感觉是一个整体，非常完整。

2. 有比例的廓现

用色彩、结构线、或者面料来划分区域，形成一定的比例效果，这在系列贯穿中已经作为一种惯用的手法被广泛采用（图 4-18、图 4-19）。服装色彩是一个很复杂的问题，任何一种颜色都无所谓美和不美，只有当它和另外的色彩搭配时，才能对产生的效果进行评价。当然，由于观众的文化修养、社会阅历等的不同，对作品的评价也会有很大的差异。

图4-14 通过不同面料的质感搭配形成整体视觉效果（1）
作者：张缈

图4-15 通过不同面料的质感搭配形成整体视觉效果（2）
作者：张缈

图4-16 巴黎时装周作品 作者：殷亦晴

图4-17 简洁的建筑感廓型

图4-18　有比例的廓型（1）
通过色彩与分割的方式形成视觉上的比例感。

图4-19　有比例的廓型（2）

图4-20　英国伦敦中央圣马丁艺术与设计学院本科毕业作品展示（1）　作者：李雪

鲜艳夺目的色彩带有浓烈的民族情绪，通过对颜色、工艺及服饰配件的整合形成鲜明的个人风格。

三、系列的情绪

情绪是一个很宽泛的词，但我们这里所指的情绪，是一个系列所表达出来的意境，更接近于一种风格化的感受，比如摇滚、清新、温暖、暗黑、混搭、运动等。设计师在主题调研时，会有意识地将整个系列的方向往某一种或者某几种方向去梳理。一个系列的情绪可以通过廓型、面料、色彩来表现。相对于把握系列的面料或者廓型而言，把握情绪是更高的一个层次。通常在文化、历史性题材中更容易彰显这种情绪的语言。

1. 强烈的色彩情绪

图 4-20、图 4-21 是英国伦敦中央圣马丁艺术与设计学院 2013 年本科毕业生李雪的作品。这个系列整体上最大的视觉冲击首先是色彩，然后是廓型。设计师通过旅行采风得到关于贵州少数民族的灵感。在设计时，用大量的色彩进行铺垫，给人鲜艳夺目、原生态的印象。眼花缭乱的色彩和具有关联的廓型使整体系列具有统一感。此外，设计师将苗绣的图案进行再造，变成了自己的语言，但并没有失去那种原始质朴的力量感。

图4–21 英国伦敦中央圣马丁艺术与设计学院本科毕业作品展示（2） 作者：李雪

在开始进行一个系列创作之前，除了考虑创意点以外，成熟的设计师还需要考虑一些现实的问题，如设计和销售的是什么类型的服装，是为什么类型的人群设计的，目标消费者的年龄、社会背景、喜欢的风格等。同时在顾及商业需要的同时，也要将艺术的创意和美好的内容共同融合到作品中。

2.柔和高贵的系列语言

如图 4–22 所示，在 2012 年春夏高级定制中，瓦利（valli）以花朵装饰元素贯穿整个系列，服装的面料采用欧根纱和雪纺，很好地体现了全套系列的风格。服装具有法式的优雅，有的是简洁的、具有经典造型的设计，有的是富有细节、精心雕琢的设计与其组合搭配，尽显设计师的艺术才华，同时又具有一定的商业成分。其中，质朴而繁复的设计风格体现在第一套服装中，白色的绉绸披肩，花朵铺满了整个肩部。其晚装有一种旧日好莱坞的魅力，同时彰显了高超的制作技艺。花色薄纱裙、柱状绸缎、垂褶肩部等呈现出优雅的女性气息，也表明设计师对高级女装知识的精通。

一个完整系列的贯穿和延伸，一定是有主题的，具有强烈的凝聚力，同时也包含丰富的细节和廓型。作为成长中的设计师，对各种能够推进设计进程的方法进行学习是非常必要的。

图4–22　简单的色彩和高雅的成衣效果

3.摇滚混搭与成衣之间的情绪尺度

薇薇安·韦斯特伍德的系列一向充满着摇滚、反战、跨界混搭等各种标签。2012 春夏的这个系列在视觉上仍然延续了比较夸张的造型。但仔细分析，夸张的只是妆容，而服装的耐穿性其实很强，虽然色彩丰富，但相比她以前的很多作品，整个系列还是比较温和的。

如图 4–23 所示，设计师本次的作品灵感来自于野生世界，因此模特在走秀时的妆容和发型是比较野性的，而且色彩明媚。系列中的成衣也有一个明确的主题，在面料的使用上，系列之间都有少量相似的面料及细节搭配。在廓型上，改变夹克、衬衫的惯常结构，适当增加一些不对称的褶皱以及衣领细节，裤子力求雕塑感，西装裙则着重突出某种元素，同时采用放大等手法，体现野生概念在系列中的贯穿。总的来说，这是一个既富有野性气息同时又不失都市感的系列。设计师很好地将不同的符号、元素混搭在一起，而又不显得太夸张。如何将几种元素巧妙地揉合在一起，其实是有很大难度的。它既要求设计师对各类文化历史背景有相关的了解，又需要设计师对服装结构与工艺有深刻的认识，在此基础上进行改革与创新，以便设计出富有新意的作品。

图4–23 薇薇安·韦斯特伍德伦敦时装周走秀作品

在具体的设计过程中，我们可以始终问自己一句话：还有别的可能性吗？在这句话的激励下，我们尽可能多地进行思考，如：款式是否还能有些变化，设计元素如何更好地转化为工艺手段，元素的排列形式，材料搭配的各种可能性等。这会成为我们的动力，促使我们在设计中一直向前，直到我们满意的创意问世。最后在各种可能性之中，挑选和整合最好的搭配，形成设计图和款式。

总的来说，设计师迈出第一步是很重要的。在学校学习设计的学生除了学习书本知识之外，也要经常接触外界，扩大自己的视野，比如逛商城和精品服装店，定期阅读专业期刊，与专家多交流等。这样才能了解什么样的设计是好的，这些都将成为设计师的宝贵财富。

不管如何理解与把握灵感、构思设计主题或者面料廓型等，好的设计永远是最重要的，在追求概念性的设计时，也需要考虑设计的价值。优秀的设计师能够将自己的独特见解巧妙地融入设计作品中，并加强顾客对作品的认可，他们常常打破固有的观念和思维方式，发掘出更深层次的元素。希望通过本书的学习，读者可以对设计有一个更深的认识，逐渐摸索出自己的设计风格。

参考文献

[1] 刘元风 . 服装设计学 [M] . 北京 : 中国青年出版社，1997.
[2] 王受之 . 世界服装史 [M] . 北京 : 中国青年出版社，2002.
[3] 理查德 · 索格 . 时装设计元素 [M] . 北京 : 中国纺织出版社，2008.
[4] 刘元风，胡月 . 服装艺术设计 [M] . 北京 : 中国纺织出版社，2006.
[5] 卞向阳 . 服装艺术判断 [M] . 上海 : 东华大学出版社，2006.
[6] 包铭新，吴娟 . 解读时装 [M] . 上海 : 学林出版社，1999.
[7] 杨静 . 服装材料学 [M] . 北京 : 高等教育出版社，2006.

特别声明

书目：服装类

高等教材

书名	作者	定价
【服装高等教育“十二五”部委级规划教材】		
现代服装材料学（第2版）	周璐瑛　王越平	36.00
新编服装材料学	杨晓旗　范福军	38.00
服装产品设计：从企划出发的设计训练	于国瑞	45.00
色彩设计与应用	陈　蕾　编著	49.80
针织服装艺术设计（第2版）	沈　雷　编著	39.80
服装厂与生产线设计	王雪筠　主编	32.00
人物速写	金泰洪　著	36.00
服装材料与应用	陈娟芬　主编	48.00
纤维装饰艺术设计	高爱香　主编	49.80
服饰图案（第2版）	徐　雯	39.80
童装设计	田　琼　主编	49.80
服装创意设计	韩　兰　张　缈　编著	49.80
裘皮服装设计与表现技法	周　莹　编著	49.80
【服装高等教育“十二五”部委级规划教材（本科）】		
纺织服装前沿课程十二讲	陈　莹	39.80
舞蹈服装设计	韩春启	68.00
服装色彩学（第6版）	黄元庆 等　编著	35.00
服装整理学（第2版）	滑钧凯　主编	39.80
舞台服装效果图：丁梅先设计作品精选	韩春启　编	68.00
舞蹈服装设计	韩春启　编	68.00
服装素描技法	陈宇刚　主编	39.80
【普通高等教育“十一五”国家级规划教材】		
毛皮与毛皮服装创新设计（第2版）	刁　梅	49.80
服装舒适性与功能（第2版）	张渭源	28.00
服装材料学·基础篇（附盘）	吴微微	35.00
服装材料学·应用篇（附盘）	吴微微	32.00
服装面料艺术再造（附盘）	梁惠娥	36.00
中国服饰文化（第二版）（附盘）	张志春	39.00
【服装高等教育“十一五”部委级规划教材】		
艺术设计创造性思维训练	陈莹　李春晓　梁雪	32.00
服装色彩学（第5版）	黄元庆 等	28.00
服装流行学（第2版）	张　星	39.80
服饰图案设计（第4版）（附盘）	孙世圃	38.00
服装设计师训练教程	王家馨　赵旭堃	38.00
【普通高等教育“十五”国家级规划教材】		
服装材料学（第2版）	王革辉	28.00
服装艺术设计	刘元风　胡月	40.00

书目：服装类

类别	书名	作者	定价
高等教材	**【服装高等教育“十五”部委级规划教材】**		
	服饰图案设计与应用	陈建辉	36.00
	服饰配件艺术	许　星	32.00
	毛皮与毛皮服装创新设计	刁　梅	58.00
	服装舒适性与功能	张渭源	22.00
	服装整理学	滑钧凯	29.80
	现代服装材料与应用	李艳海　林兰天	35.00
	【高等服装专业教材】		
	服装材料学（第4版）	朱松文　刘静伟	35.00
	现代绣花图案设计	周李钧	37.00
	服装装饰技法	李立新	26.00
	服装色彩学（第四版）	黄元庆	24.00
	服装设计学（第三版）	袁　仄	16.00
	现代服装材料学	周璐瑛	24.00
	服装新材料	刘国联	22.00
	【服装专业双语教材】		
	时装设计：过程、创新与实践（附盘）	郭平建　译	45.00
	服装设计师完全素质手册（附盘）	吕逸华　译	34.00
	【国际服装丛书·设计】		
	时装设计元素：面料与设计	［英］杰妮·阿黛尔著　朱方龙译	49.80
	时装·品牌·设计师——从服装设计到品牌运营	［英］托比·迈德斯著　杜冰冰译	45.00
	时装设计元素：时装画	［英］约翰·霍普金斯著　沈琳琳　崔荣荣译	49.80
	时装设计元素	［英］索格·阿黛尔	48.00
	色彩预测与服装流行	［英］特蕾西·黛安	34.00
服装理论与应用	**【服装设计】**		
	设计中国·成衣篇	服装图书策划组	58.00
	设计中国·礼服篇	服装图书策划组	45.00
	设计中国：中国十佳时装设计师原创作品选萃	中国服装设计师协会	58.00
	打破思维的界限：服装设计的创新与表现（第2版）	袁　利　赵明东	68.00
	一本纯粹的设计师手稿	袁　利	42.00
	服装设计基础创意	史　林	34.00
	创意设计元素	杨文俐　译	78.00
	服装延伸设计——从思维出发的设计训练	于国瑞　编著	39.80
	服装设计：艺术美和科技美	梁　军　朱剑波　编著	45.00
	服装设计：美国课堂教学实录	张　玲	49.80
	实现设计：平面构成与服装设计应用	周少华	48.00
	创意设计元素（第2版）	［英］加文·安布罗斯、保罗·哈里斯　著　郝娜　译	58.00
	如何成为服装设计师	［美］玛卡雷娜·圣·马丁　著　徐凡婷　译	48.00

书目：服装类

书名	作者	定价
舞蹈服装设计·场景创意速写	韩春启	36.00
【时装画】		
实用时装画技法	郝永强	49.80
服装画技法	张 宏 陆 乐	28.00
时装画技法（第2版）	邹 游	49.80
绘本：时装画手绘表现技法	刘笑妍	49.80
中国服装艺术表现	石嶙硕	58.00
【服装设计师通行职场书系】		
女装成衣设计实务	孙进辉 李 军	29.00
服装色彩与材质设计	陈燕琳	32.00
服装设计师手册	陈 莹	50.00
品牌服装产品规划	谭国亮	38.00
【计算机辅助服饰设计教程】		
CorelDRAW 服装设计经典实例教程（附盘）	张记光 张纪文	58.00
Illustrator 时装款式设计	黄利筠 等	58.00
CorelDRAW 时装款式画（附盘）	袁 良	36.00
Illustrator & Photoshop 实用服饰图案	贺景卫	48.00
PHOTSHOPCS/PAINTER IX 实用时装画	王 钧	58.00
内衣设计：Photoshop 绘制效果图	徐 芳	58.00
CorelDRAW&Photoshop 服装产品设计案例精选	卢亦军 编著	36.00
【国际时尚设计 服装】		
当代时装大师创意速写	戴维斯	69.80
国际大师时装画	波莱利	69.80
美国时装画技法：灵感·设计	［美］科珀著 孙雪飞 译	49.80
经典时装画动态1000例	［西］韦恩（Wayne.C.）著；钟敏维 赵海宇 译	49.80
人体动态与时装画技法	［英］塔赫马斯比（Tahmasebi,S.）著 钟敏维 刘 驰 刘方园 译	49.80
时装流行预测·设计案例	［英］麦克威尔/［英］曼斯洛著；袁燕 译	49.80
英国服装款式图技法	［英］贝莎斯库特尼卡 著 陈炜 译	48.00
时装画：17位国际大师巅峰之作	［英］大卫当顿 著 刘琦 译	69.80
世界上最具影响力的服装设计师	［英］诺埃尔帕洛莫乐文斯基 著 周 梦 郑姗姗 译	88.00
时装设计（第2版）	［英］琼斯 张翎 译	78.00
服装配件绘画技法	［英］史蒂文·托马斯·米勒 著 蔡 崴 侯 钢 译	69.80
时装设计：过程、创新与实践（第2版）	［英］凯瑟琳·麦凯维 詹莱茵·玛斯罗 著 杜冰冰 译	49.80
视觉营销：橱窗与店面陈列设计	［英］托尼·摩根 著	
国际首饰设计与制作：银饰工艺	［英］伊丽莎白·波恩 著 胡俊 译	78.00
时尚品牌设计	戴维斯	58.00
时尚百年	［英］凯莉·布莱克曼 著 张翎 译	198.00

服装理论与应用

书目：服装类

服装理论与应用

书名	作者	定价
【其他】		
时装品牌视觉识别	陈丹　秦媛媛	48.00
视觉营销：零售店橱窗与店内陈列	［英］摩根	78.00
视觉 · 服装 : 终端卖场陈列规划	［韩］金顺九　李美荣	48.00
时装设计表现	项　敢	36.00
女装设计基础	倪映疆	24.00
服装色彩设计	李莉婷	36.00
时间与空间：亚洲知名服装品牌经典解读	刘元风　主编	36.00
广告创造：混合素材与跨界实践	彭　波　赵　蔚　编著	48.00
服装导论	乔　洪	29.80
北京舞蹈学院艺术设计系教师作品集	韩春启　主编	198.00
北京舞蹈学院艺术设计系教师论文集	马维丽　主编	88.00
北京舞蹈学院艺术设计系毕业生作品集	韩春启　主编	198.00
十年 · 有声	滕　菲主编	268.00
流行色与设计	崔　唯　著	49.80
回归自然——植物染料染色设计与工艺	王越平　等	59.80
打破地域的界限：服装产品开发项目教学实录	罗云平　主编	68.00
2013 北京国际首饰艺术展	詹炳宏　主编	180.00
服装英语翻译概论	郭建平　等编著	39.80

服饰文化

书名	作者	定价
【中国传统服饰文化与工艺丛书】		
织机声声	余强　等	69.80
【中国艺术品典藏系列丛书】		
中国传统首饰 簪钗冠	王金华　著	398.00
中国传统首饰 手镯戒指耳饰	王金华　著	368.00
中国传统首饰耳饰 长命锁与挂饰	王金华　著	369.00
【其他】		
中国少数民族服饰	钟茂兰	128.00
中国历代妆饰	李　芽	38.00
中国内衣史	黄　强	39.80
布纳巧工——拼布艺术展	徐　雯　刘　琦	68.00
一针一线：贵州苗族服饰手工艺	（日）鸟丸知子著；（日）鸟丸知子摄影；蒋玉秋译	98.00
羌族服饰与羌族刺绣	钟茂兰　范　欣　范　朴	68.00
现代女装之源：1920 年代中西方女装比较	李　楠	45.00
中国少数民族服饰图典	韦荣慧　主编	168.00
国际纹样创意设计大赛优秀作品集	吴海燕　主编	158.00
福建三大渔女服饰文化与工艺	卢新燕　著	69.80